# HOW
# THE BODY
# WORKS

# "万物的运转"百科丛书
## 精品书目

DK 企业运营百科

DK 人体科学百科

DK 人类食物百科

DK 科学知识百科

DK 心理生活百科

DK 货币金融百科

DK 哲学思想百科

DK 大脑探索百科

DK 科学技术百科

DK 企业管理百科

DK 创业经营百科

DK 宇宙发现百科

DK 艺术设计百科

更多精品图书陆续出版，
敬请期待！

"万物的运转"百科丛书

# 人体科学百科
## HOW THE BODY WORKS

英国DK出版社　著

林　瑶　宫礼星　译

电子工业出版社
**Publishing House of Electronics Industry**
北京·BEIJING

Original Title: How the Body Works

Copyright © 2016 Dorling Kindersley Limited

A Penguin Random House Company

本书中文简体版专有出版权由Dorling Kindersley授予电子工业出版社。未经许可，不得以任何方式复制或抄袭本书的任何部分。

版权贸易合同登记号　图字：01-2016-5255

**图书在版编目（CIP）数据**

人体科学百科 / 英国DK出版社著；林瑶，宫礼星译.—北京：电子工业出版社，2019.1

（"万物的运转"百科丛书）

书名原文：HOW THE BODY WORKS

ISBN 978-7-121-35046-7

Ⅰ.①人… Ⅱ.①英… ②林… ③宫… Ⅲ.①人体学—普及读物 Ⅳ.①Q98-49

中国版本图书馆CIP数据核字（2018）第211501号

策划编辑：郭景瑶　张　昭
责任编辑：李　影
印　　刷：鸿博昊天科技有限公司
装　　订：鸿博昊天科技有限公司
出版发行：电子工业出版社
　　　　　北京市海淀区万寿路173信箱　邮编 100036
开　　本：850×1168　1/16　印张：16　字数：400千字
版　　次：2019年1月第1版
印　　次：2025年1月第5次印刷
定　　价：128.00元

凡所购买电子工业出版社图书有缺损问题，请向购买书店调换。若书店售缺，请与本社发行部联系，联系及邮购电话：（010）88254888，88258888。

质量投诉请发邮件至zlts@phei.com.cn，盗版侵权举报请发邮件至dbqq@phei.com.cn。

本书咨询联系方式：（010）88254210，influence@phei.com.cn，微信号：yingxianglibook。

www.dk.com

# 目录

## 显微镜下的人体

# 显微镜下
# 的人体

# 谁为主宰？

　　人体的所有行为均是由一群器官和组织组成的系统共同完成的。每一个系统负责一种功能，比如呼吸或消化。绝大多数时候，由大脑和脊髓担任主要的协调中心，但是人体的各个系统之间也总是能相互沟通和彼此指导。

> **人体中是否存在某个系统，我们即便没有该系统，也能够活下去？**
>
> 人体所有的系统都是至关重要的。与某些器官（比如阑尾）不同，任何一个系统丧失功能，通常都会导致死亡。

## 多系统功能的器官

　　系统是指具有单一功能的人体各部分的组合。然而，人体的某些部分可能会有两种甚至两种以上的功能。比如胰腺，当其将消化液输送至肠道时，参与的是消化系统的功能；而当其释放激素至血液中时，则又是内分泌系统的一部分。

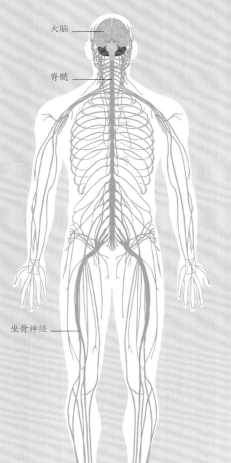

**中枢神经系统**
大脑和脊髓处理全身各处通过广泛的神经网络传来的各种信息，并对其做出应答。

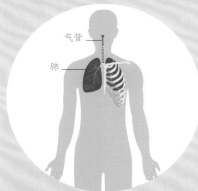

**呼吸系统**
肺将空气送至血液中，以便进行氧气和二氧化碳的交换。

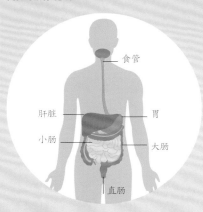

**消化系统**
胃和肠道是该系统的主要部分，可以把食物变为人体需要的营养物质。

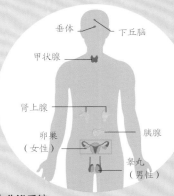

**内分泌系统**
该腺体系统分泌各种激素，后者作为机体的各种化学信使，负责将信息传送至人体的其他系统。

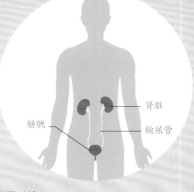

**泌尿系统**
肾脏过滤血液，以清除不必要的物质，后者短暂存储于膀胱中，并随尿液排出体外。

### 大脑

在我们练习体操的时候，大脑接收来自眼睛、内耳及身体各处神经的信息，并将其进行整合，以获得平衡感及身体的方位感。

### 肌肉和神经

神经冲动被传送至肌肉，以及时调整身体的位置并使其保持平衡。神经系统与肌肉系统相互作用，而肌肉系统又作用于骨骼（骨骼系统）。

### 呼吸和心率

来自大脑的信息可促进激素的释放，以应对身体正在承受的压力。此时呼吸变得急促，心率也增快，这样肌肉便可以获得更多的氧气。

### 消化系统和泌尿系统

内分泌系统释放的应激激素作用于消化系统和泌尿系统，使其活动减慢，因为其他地方也需要能量。

**78**

有一种说法是人体器官的总数估计有78个，但大家的观点并不一致！

### 一切都在平衡之中

人体的各个系统没有一个是自己独立运行的，各系统之间相互作用以使机体平稳运转。为了达到平衡，体操运动员身体的每一个系统都可以做出调整，以补偿其他系统，因为其他系统可能在压力之下需要更多的身体资源。

每一万个人中，就有一个人的内脏器官长在其正常位置的另一侧。

## 器官

人体的器官通常是自给自足的，并各自发挥一种特定的功能。构成器官的组织帮助器官发挥其特定的功能。例如，胃主要由肌肉组织组成，肌肉组织可以扩张和收缩，以适应食物摄入的量。

**胃的结构**

胃的主要组织是肌肉，但也有分泌消化液的腺体组织以及在其内外表面形成保护屏障的上皮组织。

食管

# 从器官到细胞

人体的每个器官在肉眼下均是独特且易分辨的。然而，当把器官切开，则可以看到同一个器官里含有不同层面的组织。而在每一个组织里则又是不同类型的细胞。这些细胞相互协作，以帮助器官执行其功能。

胃有三层平滑肌

胃

小肠入口

胃内壁为分泌黏液或胃酸的细胞

## 人体最大的器官是哪一个？

肝脏是人体最大的内脏器官，但事实上，皮肤才是人体最大的器官，其重量约有 **2.7千克（6磅）**。

胃外壁为表皮细胞

## 组织和细胞

组织是由一群相连的细胞构成的。组织有不同的类型，例如形成胃壁的平滑肌和附着在骨骼上并使其运动的骨骼肌。除了细胞外，组织也可能含有其他结构，如结缔组织中的胶原纤维。细胞是一个独立的生命单位，是所有生命体最基本的结构。

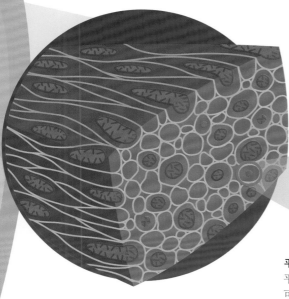

**平稳动作**
纺锤形平滑肌细胞的松散排列使得这种肌肉组织可在各个方向收缩。在肠壁、血管和泌尿系统中均有这种组织。

**平滑肌细胞**
平滑肌细胞的形态为细长形，可长时间活动而不会疲劳。

## 组织的类型

在人体中，共有四种不同类型的组织。这些组织可继续分为不同的亚型，比如，血管和骨骼为结缔组织。每种类型的组织又有不同的特性，如强度、弹性及活动度等适应其特定功能的特性。

**结缔组织**
可连接、支持、结合及分离其他组织和器官。

**上皮组织**
紧密连接在一起，组成一层或多层屏障。

**肌肉组织**
由细长的细胞组成，并通过收缩来引起运动。

**神经组织**
神经细胞协同一致来传导电冲动。

## 细胞的类型

人体内大约有200多种类型的细胞。这些细胞在显微镜下看起来很不一样，但是绝大多数都有共同的特征，如细胞核、细胞膜和细胞器。

**红细胞**
红细胞没有细胞核，因此可以尽可能多地运载氧气。

**神经细胞**
神经细胞可在大脑及机体各部分之间传导电信号。

**表皮细胞**
在体表及体腔中紧密排列，以形成屏障。

**脂肪细胞**
储存脂肪分子，有助于身体隔热，并可转化为能量。

**骨骼肌细胞**
排列成纤维束状，其收缩时可引起骨骼运动。

**生殖细胞**
女性的卵子与男性的精子结合时就可形成新的胚胎。

**感光细胞**
位于眼睛后部，可对照在其上方的光线做出反应。

**毛细胞**
可收集通过内耳液传导的声音振动。

# 细胞是如何工作的

身体是由10万亿个细胞组成的，每一个细胞又是一个独立的单位。这些独立的细胞可以吸收能量、进行复制、清除废物并相互沟通。细胞是一切生物的基本单位。

## 细胞的功能

绝大多数细胞都有细胞核，细胞核位于细胞中心且包含遗传学信息（DNA）。细胞正是依靠这些遗传信息来产生各种各样赖以生存的分子，而产生这些分子的原材料全部位于细胞中。细胞内部还有一些名为细胞器的结构行使着一些特殊的功能，后者之于细胞正如器官之于人体。细胞器位于细胞核和细胞膜之间的细胞质中。在细胞运转的过程中，会有一些分子从细胞内外进进出出，就像一个高效运转的工厂一样。

**1** **接收信号**
细胞内的任何活动均由从细胞核发出的信号控制，这些信号由信使核糖核酸（mRNA）从细胞核运送至细胞质。

**2** **组装**
mRNA行至附着于细胞核的粗面内质网上，并进入散在于粗面内质网表面的核糖体中。在此处，mRNA上所携带的遗传信息被加工成氨基酸链，进而组装成蛋白质分子。

**3** **包装**
蛋白质进入细胞的囊泡中，再由囊泡携带至高尔基体。高尔基体就像是细胞的"邮件收发室"，在这里，蛋白质被包装好并贴上其将要被送至何处的标签。

**4** **转运**
根据其表面不同的标签，高尔基体将蛋白质放入不同类型的囊泡中。接着，这些囊泡开始出芽，那些需要被运至细胞外的囊泡则首先与细胞膜融合，再被释放出去。

### 细胞的内部结构
无数的细胞器组成了细胞的内部结构，不同的细胞有不同的内部结构。

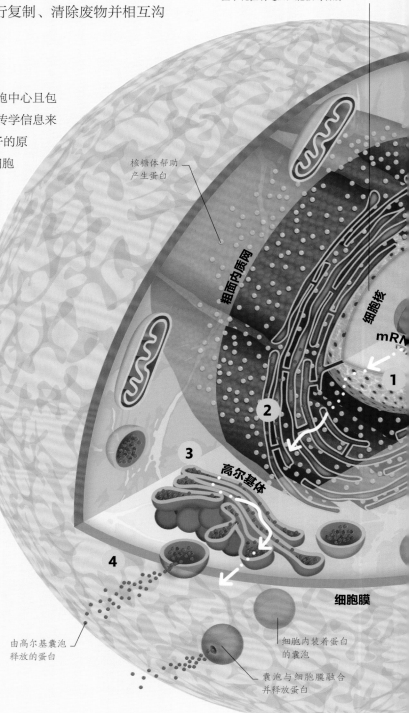

细胞核是细胞的指挥中心，以DNA的形式包含着人体的遗传学型板。细胞核由充满小孔的外膜包围着，并由这些小孔控制进出细胞核的物质

核糖体帮助产生蛋白

粗面内质网

细胞核

mRNA

高尔基体

细胞膜

由高尔基囊泡释放的蛋白

细胞内装着蛋白的囊泡

囊泡与细胞膜融合并释放蛋白

## 细胞的死亡

当细胞到达其生命周期的自然终点，则会发生细胞死亡，这是细胞自行解体、缩小并碎片化的主动过程。此外，当细胞受到感染或有毒物质损伤时，也可提前死亡。这种情况称为细胞坏死。在此过程中，细胞内部结构与其胞膜分离，导致胞膜破裂，细胞死亡。

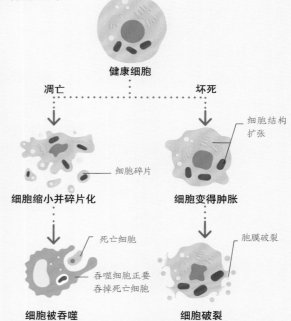

健康细胞

凋亡　坏死

细胞结构扩张

细胞碎片

细胞缩小并碎片化　细胞变得肿胀

死亡细胞

胞膜破裂

吞噬细胞正要吞掉死亡细胞

细胞被吞噬　细胞破裂

### 细胞如何移动

大多数细胞通过由蛋白质组成的长纤维从细胞内部推动细胞膜向前运动，而精细胞含有尾部，可通过来回摆动其尾部移动。

**滑面内质网**

滑面内质网可生产及加工脂肪和一些激素。由于其表面缺乏核糖体，因此看起来比较光滑

中心体是微管蛋白的组织中心，而微管蛋白可在细胞分裂时拉开染色体，从而起到分离DNA的作用

**中心体**

囊泡是运输物质的容器，可将物质从细胞内移至细胞膜，亦可将物质由细胞膜运至细胞内

**囊泡**

溶酶体中有一些用于除掉无用分子的化学物，因此在细胞中主要起清除作用

**溶酶体**

细胞器之间的空间是细胞质，其中充满了微管蛋白

**线粒体**

线粒体是细胞的"动力室"，大多数细胞所需的化学能量产生于此

大多数细胞的直径仅有0.001毫米。

## 细胞信号

由远处的细胞、邻近细胞甚至细胞本身产生的分子，与细胞膜上的受体结合，引起细胞内部的变化。这就是细胞与细胞之间相互交流、接收信息及对环境做出应答的过程。

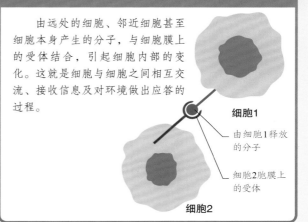

细胞1

由细胞1释放的分子

细胞2胞膜上的受体

细胞2

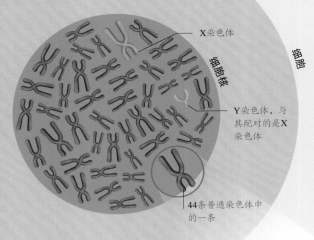

X染色体

细胞核

Y染色体，与其配对的是X染色体

细胞

44条普通染色体中的一条

X染色体

Y染色体

## 男孩还是女孩？

虽然我们的22对普通染色体中每一对的两条几乎是相同的（同一对染色体中，每条染色体上的同位基因仅略有不同），但第23对染色体是不同的。对大多数人来说，第23对染色体决定了我们的性别。女性通常有两条X染色体，而男性则有一条X染色体和一条Y染色体。只有少数X染色体上的基因在较短的Y染色体上重复，而较短的Y染色体大多携带产生男性特征的基因。

## 控制中心

DNA储存在每个细胞的细胞核中（红细胞除外，它在成熟时会丢失DNA）。在每个细胞核中，2米长的DNA紧密地卷曲成23对染色体，总共46条。我们从父亲和母亲那里各继承每对染色体中的1条。

染色体

## 人类遗传学的图书馆

DNA是一种长分子，它为生物体的发育、存活和繁殖提供了所有必需的信息。它就像一个扭曲的梯子，每个阶梯上有一对化学碱。这些碱基形成名为基因的长序列，其上编码着构建蛋白质的指令。当细胞需要复制其DNA或是制造新蛋白时，梯子的两边便解开，以复制基因。人类的DNA中含有30亿个碱基及接近2万个基因。

DNA紧密盘旋成螺旋状

## 身体的"建筑工"

用于建造人体DNA的碱基长度从几百个碱基到200多万个碱基（比此图中显示的长度长）不等。每个基因产生一种蛋白。这些蛋白也就是构建成人体整个庞大身躯的"小砖块"，可以形成细胞、组织以及器官。蛋白也可以调控体内所有运转过程。

每一束DNA外侧为糖和磷酸分子

彩条显示了四个碱基——腺嘌呤、胸腺嘧啶、鸟嘌呤和胞嘧啶，它们排列在一个特定的有意义的序列中

# 什么是DNA？

DNA也称脱氧核糖核酸，是在几乎所有生命体中存在的长链分子。DNA长链由碱基序列组成。神奇的是，这些碱基序列编码整个有机体的信息。我们每个人的DNA均是从自己父母那里遗传得来的。

## 表达自己

人体中绝大多数基因都是相同的，因为它们共同编码生命所必需的分子。然而，人群中约有1%的基因有略微的差别，称为等位基因，可帮助人们形成具有自身独特性的身体特征。虽然这些大都是无害的特征，如头发或眼睛的颜色等，但是它们也可能导致一些问题，如血友病或囊性糜疹。由于等位基因都是成对出现的，因此其中一个基因的作用可能会盖过另一个基因，而使得另一个基因所编码的特征被隐藏了起来。

眼睛的颜色具有遗传性，可被16个控制颜色的基因中的任何一个所影响

一些基因可调控毛发的卷曲度。但如果父母均为卷发，所生的孩子也有可能是直发

雀斑是由单一基因控制的，而基因的变异控制着雀斑的数量

**一些不可预测的结果**
人体的多数身体特征都由一个以上的基因调控，因此，可能会出现预期之外的基因组合。

## 解开DNA

染色体把DNA打包并放在细胞核中。DNA缠绕在围绕每个染色体中心的线轴状蛋白质周围。DNA双螺旋是由一对对碱基连接的两股磷酸糖组成的。碱基的配对有固定的规则，但序列则与它们最终产生的蛋白质有关。

DNA链一侧的碱基与DNA链另一侧的碱基互补配对。此处，胞嘧啶（绿色）与鸟嘌呤（蓝色）相互配对

腺嘌呤（红色）总是与胸腺嘧啶（黄色）配对

鸟嘌呤（蓝色）总是与胞嘧啶（绿色）配对

### 人类所拥有的基因数量是最多的吗?

人类的基因数量其实相对较少，比鸡（1.6万个基因）多，而比洋葱（10万个基因）或变形虫（20万个基因）少。这是由于人从DNA上丢失无用基因的速度快于它们（洋葱或变形虫等）的缘故。

# 细胞如何繁殖

所有人的生命均是从一个细胞开始的，并在这个单一细胞的基础上发育成特定的组织及器官。为了使身体长大，细胞需要复制。即便是长大后的成人，仍然需要复制细胞，因为某些细胞受到损伤或是完成其生命周期后就需要新的细胞来代替。细胞复制可通过两个过程来完成：有丝分裂和减数分裂。

## 失控

当突变的细胞开始快速且不受控制地分裂时就导致癌症的发生。癌细胞之所以能快速繁殖，是因为它们能越过有丝分裂的"检查点"，因此其复制的速度远远快于周围的正常细胞。同时，其所摄取的氧气及营养也更多。

癌细胞

## 损耗

在需要新细胞的时候就会发生有丝分裂。一些细胞，如神经细胞，几乎不可再生；而其他的比如胃肠道黏膜细胞或味蕾，则每隔几天就会进行一次有丝分裂。

**1 休息期**
在此期间，母细胞检查其DNA是否受到损伤，并对受损DNA进行必要的修复，以此来为有丝分裂做准备。

细胞
细胞核
细胞46条染色体中的4条

**6 子细胞**
两个子细胞形成，每个子细胞细胞核中所含有的DNA拷贝数均与母细胞完全一样。

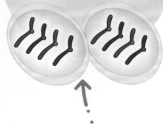

## 有丝分裂

每个细胞在其生命周期中都会进入一个叫有丝分裂的阶段。细胞进行有丝分裂时，其DNA发生复制并均匀分开，以形成两个一模一样的细胞核，每个细胞核中所含有的DNA拷贝数则与原来的母细胞完全一致。随后，细胞的细胞质及细胞器开始分开，以形成两个子细胞。在DNA复制及分裂的过程中，有一系列的检查点来修复被损伤的DNA。如果损伤的DNA没被修复，则可能导致永久的基因突变和疾病。

**2 准备期**
在进入有丝分裂之前，母细胞中的每条染色体进行精确的复制。所有染色体均聚集在中心体区域。

中心体

**5 分裂**
在每组染色体周围形成细胞核膜，细胞膜被拉开并形成两个细胞。

**4 分离**
染色体在其连接点（着丝粒）处分开，并在细胞中移向相对的两极。

着丝粒

**3 排列**
所有染色体附着在特殊的纤维上，并在细胞中心排成一排。

纤维

**1 准备期**
细胞的每条染色体进行复制，并集中在着丝粒区域。

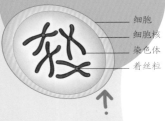

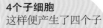
细胞
细胞核
染色体
着丝粒

**2 配对和交叉**
具有相似长度和着丝粒位置的染色体排列在一起并进行基因交换。

**3 第一次分离**
与有丝分裂一样，染色体排列好并由一种特殊的纤维拉向细胞的两极。

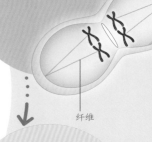

纤维

**基因交换**
减数分裂是一种特殊的分裂方式，可将其DNA传至子代细胞中。在此过程中，DNA在各染色体之间进行交换，以形成新的DNA组合。在这些新的组合中，有一些是对人体有利的。

**6 4个子细胞**
这样便产生了四个子细胞，每个子细胞所含有的染色体数目只有最初的母细胞染色体数目的一半，而且每个细胞在遗传学上都是独特的。

**5 第二次分离**
每个细胞的染色体均排列在其中线处，随之被拉开。这样，新的细胞就只有该细胞染色体数目的一半。

**4 2个子细胞**
母细胞分裂，并形成两个各含其一半染色体数目的子细胞。2个细胞在遗传上各有不同，但都来自母细胞。

## 减数分裂

卵细胞和精细胞是通过一种特殊的分裂方式产生的，这种特殊的分裂方式叫减数分裂。减数分裂的意义是使精细胞和卵细胞所含的染色体数目仅有体细胞所含染色体数目的一半，这样，当受精时，卵细胞和精细胞融合形成的细胞所含的染色体数目便与体细胞一样，都是46条。一次减数分裂可产生4个子细胞，这4个子细胞在遗传学上均与母细胞有所不同。正是减数分裂时基因的交换才造成了基因的多样性，并因此形成了每一个独特的个体。

### 唐氏综合征

在减数分裂时也可能发生错误，唐氏综合征便是其中一个例子。当人体全部细胞或部分细胞的21号染色体多了一条，便称为唐氏综合征。这通常是由于精细胞或卵细胞在减数分裂时染色体未分离造成的。唐氏综合征也称为21三体综合征。这条多余的染色体意味着细胞某些基因过剩，进而阻碍该基因发挥正常的作用。

多出来的310个基因可以导致某些蛋白的过剩

**3条21号染色体**

# 基因是如何工作的

如果DNA是人体的食谱，那么DNA中的基因便等同于食谱中的单一配方：一个基因指导一种化学物或蛋白质的合成。据估计，人体中有大约2万个基因对不同的蛋白质编码。

## 基因蓝图

一个基因要翻译成蛋白，首先需要在细胞核中通过酶的作用引起DNA复制（转录），并形成一系列信使RNA（mRNA）。细胞只会复制有用的DNA，而不是整个DNA序列。mRNA从细胞核进入细胞质，并在此处翻译成氨基酸，进而合成蛋白质。

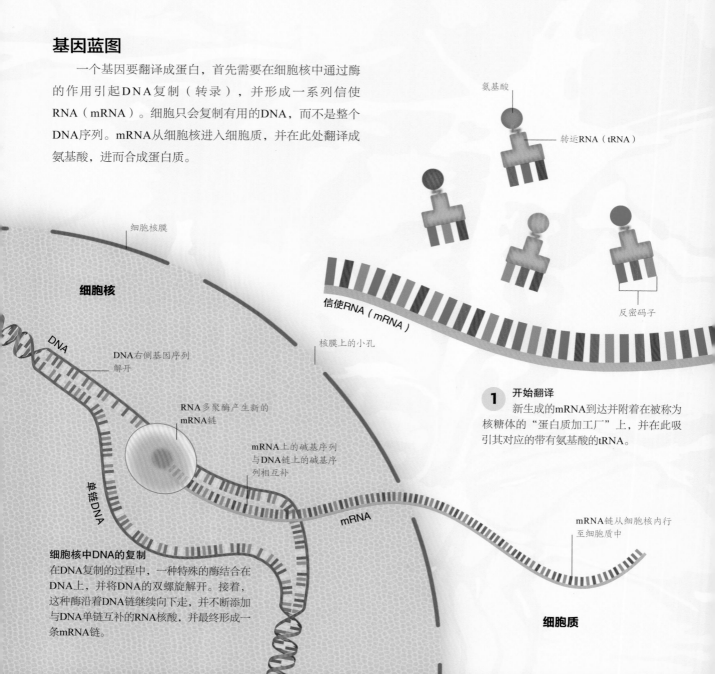

氨基酸

转运RNA（tRNA）

反密码子

信使RNA（mRNA）

细胞核膜

**细胞核**

DNA

DNA右侧基因序列
解开

RNA多聚酶产生新的
mRNA链

核膜上的小孔

单链DNA

mRNA上的碱基序列
与DNA链上的碱基序
列相互补

mRNA

**1 开始翻译**
新生成的mRNA到达并附着在被称为核糖体的"蛋白质加工厂"上，并在此吸引其对应的带有氨基酸的tRNA。

mRNA链从细胞核内行
至细胞质中

**细胞核中DNA的复制**
在DNA复制的过程中，一种特殊的酶结合在DNA上，并将DNA的双螺旋解开。接着，这种酶沿着DNA链继续向下走，并不断添加与DNA单链互补的RNA核酸，并最终形成一条mRNA链。

**细胞质**

**4** **氨基酸折叠成蛋白质**
当核糖体到达mRNA末端的终止密码子时，便完成了氨基酸长链的合成。氨基酸的顺序决定了该氨基酸链折叠成蛋白质的方式。

肽链折叠成蛋白质

在核糖体沿着mRNA链移动的过程中逐步形成了氨基酸链

核糖体

密码子

## 蛋白质的合成

mRNA上的每3个碱基为一个密码子，每个密码子编码一种特定的氨基酸。氨基酸的种类为21种，而一个蛋白质可能是由成百上千个不同的氨基酸组成的。

**2** **核糖体与氨基酸结合**
当核糖体沿着mRNA链移动时，tRNA以特定的顺序与mRNA连接。该顺序由密码子配对情况来决定，而密码子是mRNA链上的三个相邻核酸，由于tRNA上的3个相邻核酸与mRNA上的相邻核酸互补，因此，tRNA上的3个相邻核酸又称为反密码子。

**3** **合成氨基酸链**
氨基酸从tRNA分子上脱离下来，并通过肽键结合到先前已合成的氨基酸中，形成氨基酸链。

tRNA，当其与对应的氨基酸分离之后，便重新游入细胞质中

### 翻译的丢失

基因突变可引起氨基酸序列的改变，如编码头发蛋白角蛋白基因的第402个碱基中的一个突变，导致赖氨酸被置于谷氨酸的位置。如此，便改变了角蛋白的形状，使头发看起来呈珠状。

直发　　　　　珠状头发

### mRNA翻译之后归宿何在？

一条mRNA链可能多次翻译成蛋白，随后在细胞中被降解。

# 基因如何决定细胞的类型

DNA中包含着生命的所有信息，但是细胞只会挑选对其有用的那些基因，利用这些基因来合成决定其形状及功能的蛋白质和分子。

## 基因的表达

每种细胞只会使用或"表达"其全部基因的一部分。在细胞逐步分化的过程中，"沉默"的基因越来越多。该过程处于高度被调控状态，且按特定顺序发生，通常是在DNA转录成RNA时发生（参见第20～21页）。

（参见第20～21页）

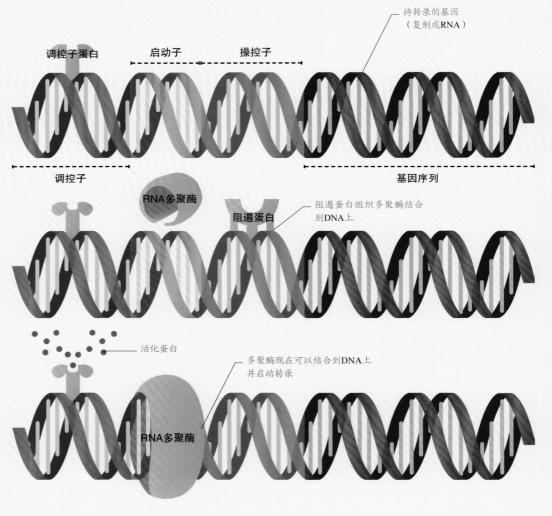

**1 调控**

通常，某基因的转录由一系列前序基因控制。这些前序基因包括调控子、启动子和操控子。基因只有在一切准备就绪后才会发生转录。

调控子蛋白　启动子　操控子

待转录的基因（复制成RNA）

调控子　基因序列

**2 阻遏蛋白**

如果阻遏蛋白阻断了基因，则转录不能发生。只有当环境的改变将阻遏蛋白去除时，基因才能被重新开启。

RNA多聚酶

阻遏蛋白

阻遏蛋白组织多聚酶结合到DNA上

**3 活化**

当活化蛋白与调控子结合，且没有阻遏蛋白阻断基因时，基因就开始转录。

活化蛋白

多聚酶现在可以结合到DNA上并启动转录

RNA多聚酶

## 开启还是关闭？

胚胎细胞起源于干细胞，后者具有转化成不同类型细胞的功能。干细胞最初具有一组相同的基因，它们只是不断地生长和分裂，以产生更多的细胞。随着胚胎的发育，需要细胞进行分化，以组成不同的组织，并最终形成器官。因此，当细胞收到信号，则"关闭"一些基因而"启动"另一些基因，于是细胞变为特殊类型的细胞。

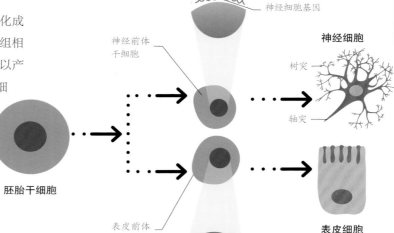

神经细胞基因

神经前体
干细胞

神经细胞

树突

轴突

胚胎干细胞

表皮前体
干细胞

表皮细胞

表皮细胞基因

### 细胞的分化

随着胚胎的发育，"注定"要成为神经细胞的干细胞会打开编码树突和轴突所需的基因，而另一个干细胞可能激活不同的基因，从而变成上皮（皮肤）细胞。

## 管家蛋白

一些蛋白质，如DNA修复蛋白或新陈代谢所需的酶，因其是维持生命活动所必需的蛋白，被称为管家蛋白。这些蛋白中，多数是酶，而另一些则是结构蛋白或转运蛋白。这些蛋白质的基因总是呈活化状态。

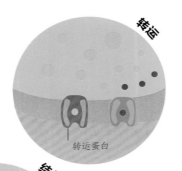

转运

转运蛋白

结构

结构蛋白

#### 运输

需要特殊的蛋白质来移动其周围的物质，或帮助它们穿过细胞膜。

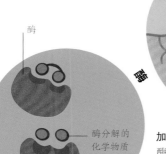

酶

酶分解的
化学物质

#### 提供支持

在所有细胞中均可发现结构蛋白。它们使细胞成型并使细胞器处于合适的位置。

#### 加快速度

酶是加快化学反应的蛋白质，例如某些酶参与食物的分解过程。

### 男孩还是女孩？

胚胎在发育到6周的时候，就已经形成了男性或女性全部的内部器官。如果该胚胎是男性胚胎，那么Y染色体就会在这个阶段激活并产生可帮助男性生殖器官发育的激素，而同时，那些可帮助女性生殖器官发育的激素则会降解。男性之所以具有看似没有意义的乳头，是因为乳头是在胚胎发育最初的6周内形成的，但它们是否会进一步发育则取决于其是处于雄性还是雌性激素环境中。

### 成体干细胞

　　成体干细胞存在于大脑、骨髓、血管、骨骼肌、皮肤、牙齿、心脏、肠道、肝脏、卵巢和睾丸中。这些细胞可以长期处于休眠状态，直到它们需要取代某些细胞或修复损伤时，才被激活，并进行分裂和分化。

**成体干细胞是从哪里来的？**

目前尚在研究中。但有一种理论是当机体发育成熟后，在某些组织中也会存在胚胎干细胞。

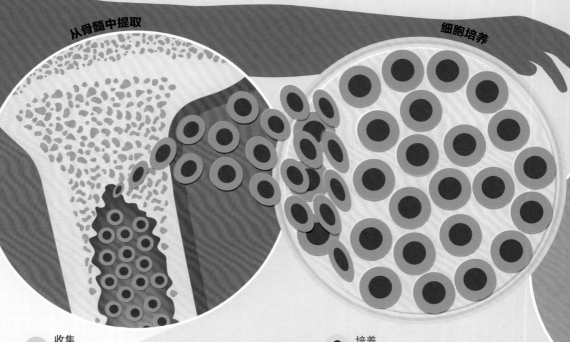

从骨髓中提取

细胞培养

**1** 收集
　　干细胞治疗有助于修复因心脏病受损的心脏组织。进行干细胞治疗时，由于干细胞在骨髓中更集中，因此可从病人骨髓中提取少量干细胞。

**2** 培养
　　首先对干细胞样本进行过滤，以去除非干细胞成分，随后将纯化的干细胞送往可鉴定干细胞的实验室，由该实验室对干细胞进行培养、繁殖及分化。

## 干细胞

　　干细胞的特殊之处在于它可以分化成很多种不同类型的细胞。干细胞是身体修复机制的基础，在修复体内损伤时发挥潜在作用。

## 成体或胚胎干细胞

　　胚胎干细胞可以发育成为任意类型的细胞，但有关它们的研究尚存在争议，因为胚胎是利用供体的卵子和精子产生的，培养胚胎的特殊目的仅仅是为了获取细胞。成体干细胞形成不同细胞类型的能力有一定局限，比如其只能形成不同类型的血细胞。幸运的是，目前有一些新疗法可以将成体干细胞变为更多能的干细胞。

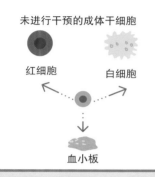

未进行干预的成体干细胞

红细胞　　白细胞

血小板

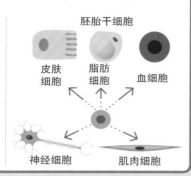

胚胎干细胞

皮肤细胞　脂肪细胞　血细胞

神经细胞　　肌肉细胞

## 组织工程学的应用

　　研究人员发现，用于干细胞生长的支持基质（支架）的物理结构，对干细胞生长和分化的方式至关重要。

**1　成形**
　　为了修复眼睛的角膜，从健康组织（未受影响的眼角膜）中提取干细胞，并在圆顶网格上生长。

干细胞　　　　网格

**2　移植**
　　眼角膜上的受损细胞被清除，并被网格所替代。几周后，网格溶解，仅留下保存了病人视力的移植细胞。

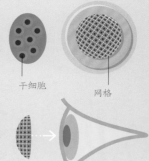

### 干细胞的潜在用途
有关干细胞的研究，使得我们对胚胎发育及记忆的自然修复机制有了比较清晰的认识。在干细胞研究领域中，最活跃的是用干细胞替代气管，以及将断开的脊髓重新连接起来，使瘫痪的病人可以重新站起来。

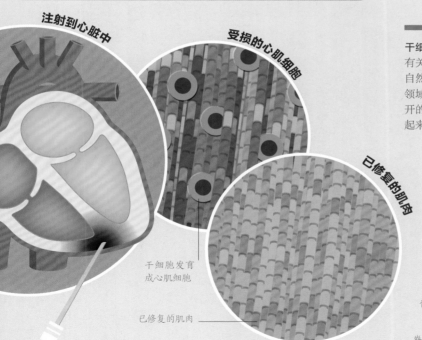

注射到心脏中

受损的心肌细胞

已修复的肌肉

干细胞发育成心肌细胞

已修复的肌肉

**3　注射**
　　将干细胞注入受损的心肌细胞中，使其与受损的肌纤维结合，并长成新生组织。

**4　修复**
　　几周后，受损的心肌恢复正常。这个过程也减少了瘢痕的产生，后者会限制心脏运动。

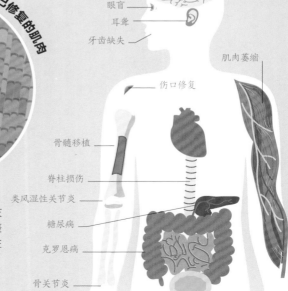

眼盲
耳聋
牙齿缺失
肌肉萎缩
伤口修复
骨髓移植
脊柱损伤
类风湿性关节炎
糖尿病
克罗恩病
骨关节炎

### 环境刺激

身体的每个细胞每天都会接触可能对DNA造成损伤的化学物质及能量。紫外线辐射（UV）、环境毒素，甚至是人体自己的细胞所产生的化学物质，都会引起DNA的变化，影响DNA的工作方式，包括其如何复制或是如何产生蛋白质。如果这种损伤持续存在，造成DNA的持续变化，则可能导致基因突变。

**2**万
每一天，每个细胞中被清除及被替代的碱基数目为2万。

**是否每一次损伤都可以被修复**

随着年龄的增长，人体修复受损DNA的能力也会下降。此时，各种损伤开始增多，这也被认为是老化的主要原因之一。

链内交联可使双螺旋结构解开，从而阻止复制

DNA双链断裂是由辐射、化学物质或氧自由基引起的。不正确的修复会引起DNA重排，从而导致疾病

环境污染或烟雾中的化学有毒物质结合到碱基上，引起基因的突变，并可能进一步引发肿瘤

当化学物质改变了碱基分子的结构，则引起碱基分子的畸形变化，这种畸形变化可导致碱基错配

DNA单链的断裂可导致某个碱基缺失，并在DNA复制时引起错配

# 当DNA发生错误的时候

每一天，细胞中的DNA都会受到损伤。这种损伤可能是自然过程造成的，也可能来自环境因素的影响。这些损伤可以影响DNA的复制或是某个基因发挥作用的方式。如果这些损伤不能被及时或正确地修复，则可能导致疾病。

## 应激状态

在应激状态下，可出现DNA单链。但是，某些类型的DNA损伤对机体是有好处的。某些化学药物最初的设计就是用来引起癌细胞中DNA的损伤。例如顺铂（一种抗癌药物）可使DNA发生交联，从而导致癌细胞死亡。但其同时也会造成正常细胞的损伤。

同一碱基之间的链间交联可阻止DNA的复制，因为其阻断了DNA双链的解开

在DNA复制的过程中，当一个多余的碱基被插入或直接跳过某个碱基，则会发生碱基的错配

碱基的插入或缺失意味着在DNA复制、转录和翻译时，会产生错误的蛋白

## 基因治疗

DNA的损伤引起基因突变，使该基因不能正常工作并产生疾病。虽然药物可对该疾病进行对症治疗，却无法解决其背后的基因学问题。基因治疗便是探索修复缺陷基因的一种尝试。

## 修复DNA

细胞内有一套安全系统帮助其识别和修复DNA损伤。这些系统总是在激活状态，而且如果它们不能快速修复这些损伤，就会暂时停止细胞的生命周期，即细胞暂时停止分裂，以获得更多的时间来修复损伤的DNA。如果这种损伤是不可修复的，那么它们便会启动细胞的死亡过程（参见第15页）。

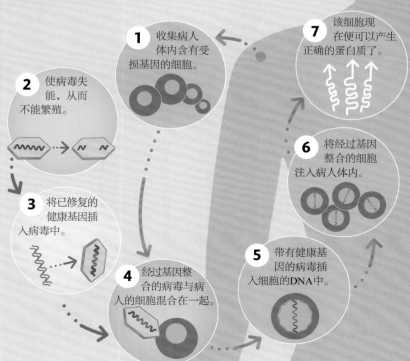

**1** 收集病人体内含有受损基因的细胞。

**2** 使病毒失能，从而不能繁殖。

**3** 将已修复的健康基因插入病毒中。

**4** 经过基因整合的病毒与病人的细胞混合在一起。

**5** 带有健康基因的病毒插入细胞的DNA中。

**6** 将经过基因整合的细胞注入病人体内。

**7** 该细胞现在便可以产生正确的蛋白质了。

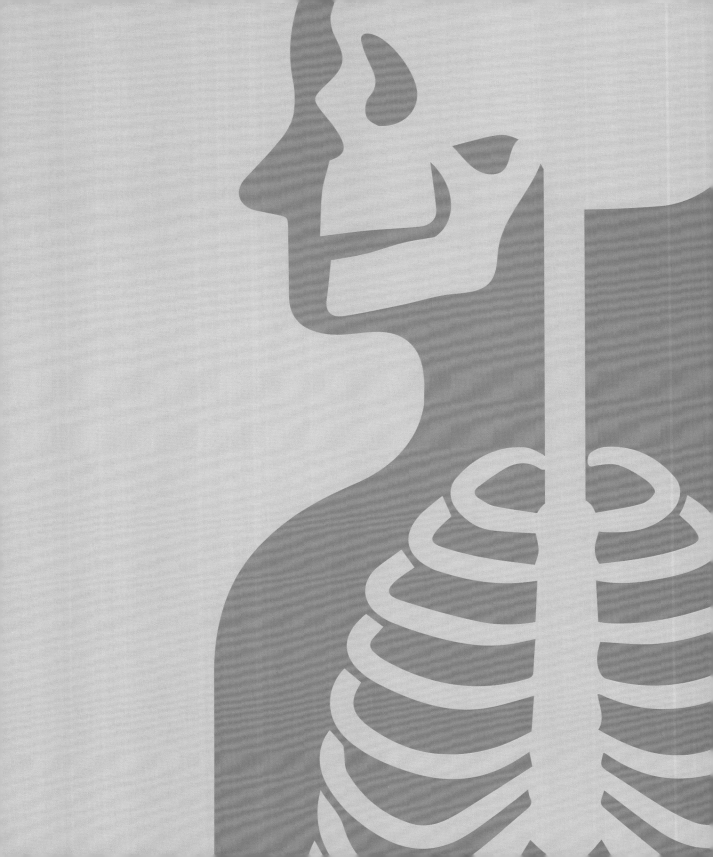

# 人体是
# 一个整体

# 皮肤的深度

皮肤是人体最大的器官。它可以保护人体免受物理损伤、脱水、体内水分过多和感染，同时还能调节人的体温、制造维生素D，并拥有一系列特殊的神经末梢（参见第74～75页）。

## 保持凉爽和温暖

人类已经适应了热带地区的高温、北极的寒冷以及介于两者之间的温带气候。尽管人已经失去大部分体毛并依靠衣服来保暖，但即使是身体上的细毛，也可以调控体温。当天气炎热的时候，人会通过流汗来保持相对的凉爽，同时通过大量饮水来补充随汗液流失的水分。

### 天气炎热时的皮肤

每天，皮肤中的300万汗腺可分泌1升（7/4品脱）汗液，或在极端炎热天气下，每天分泌高达10升（16品脱）汗液。汗液的蒸发可将热量从体内带走。血管周围的环状肌肉也有助于将血液转移到皮肤，从而使身体内部的热量散发出来。

### 天气寒冷时的皮肤

当天气寒冷时，皮肤进入保暖模式。细小的肌肉使体毛竖起，使热量靠近皮肤。同时，毛细血管网中的肌肉收缩阻止温暖的血液流入表层皮肤。

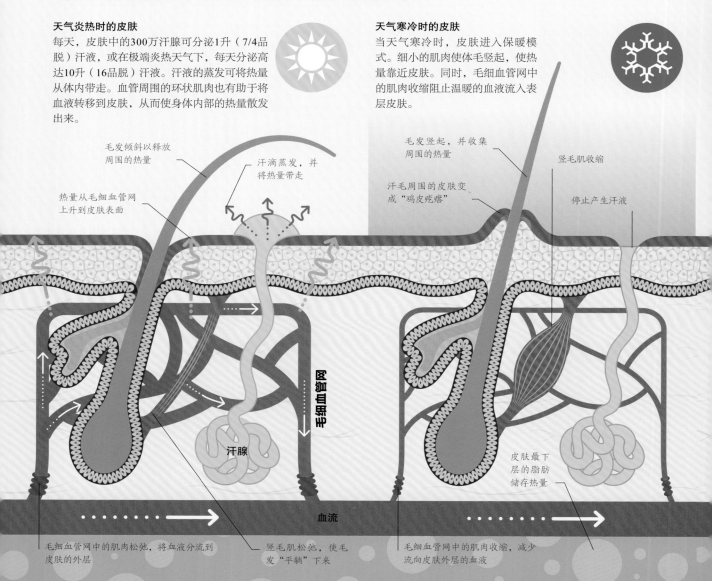

毛发倾斜以释放周围的热量

汗滴蒸发，并将热量带走

热量从毛细血管网上升到皮肤表面

毛发竖起，并收集周围的热量

竖毛肌收缩

汗毛周围的皮肤变成"鸡皮疙瘩"

停止产生汗液

毛细血管网

汗腺

皮肤最下层的脂肪储存热量

血流

毛细血管网中的肌肉松弛，将血液分流到皮肤的外层

竖毛肌松弛，使毛发"平躺"下来

毛细血管网中的肌肉收缩，减少流向皮肤外层的血液

## 防御屏障

皮肤共分为三层，每一层都对人的生存起着至关重要的作用。皮肤上层称为表皮，是一个不断再生的防御系统（参见第32～33页），其根部位于中间层，称为真皮。最后一层是皮下组织，也就是一层脂肪垫，可使人体保持温暖，保护骨骼以及保证能量供应（参见第158～159页）。

成人的皮肤面积平均为2平方米（21平方英尺）。

### 鸡皮疙瘩真的可以御寒吗？

鸡皮疙瘩确实可以帮助人体在寒冷天气中保存热量。但是，它们的作用可能在几百万年前更明显，因为那时候人的体表覆有较厚的毛发。当毛发竖起来的时候，毛发越厚，收集的热量就越多。

微生物（细菌）　皮脂

**抗菌油**
腺体分泌一种被称为皮脂的油脂进入毛囊，以养护头发和使皮肤防水。皮脂还可以抑制细菌和真菌的生长。

紫外线

**紫外线保护**
皮肤可在紫外线的帮助下合成维生素D，但是紫外线过多又可以引起皮肤癌。而一种被称为黑色素的皮肤色素则可以使两者达到平衡（参见第32～33页）。

皮脂腺腺体分泌皮脂

尼古丁贴剂（戒烟贴）

持续再生的表皮细胞

表皮层

毛干

真皮层

尼古丁到达血流

皮肤的多种神经末梢之一（参见第74～75页）

毛球

**使物质通过**
虽然皮肤是一种屏障，但它也具有选择性渗透作用，可让药物如尼古丁和吗啡从皮肤表面的贴片中渗入血液。各种霜，如防晒霜、保湿霜和抑菌霜也可以穿过该屏障。

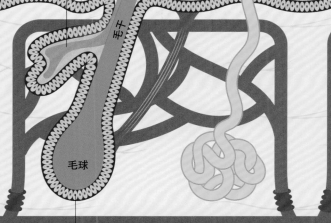

表皮一直延伸至毛球下方

皮下组织

# 外部屏障

皮肤将身体与外界隔开，也是清除异物、吸收有用物质的屏障。该防御系统的主要特点是含有自我更新的外层和保护躯体免受紫外线照射的色素。

## 自我更新层

表皮是细胞的传送带，细胞不断在基底层形成，并向上逐步移动到表面。细胞在移动过程中，会失去细胞核，变得扁平，并由一种被称为角蛋白的坚韧蛋白质填充，从而形成保护性的外层。该层不断磨损，被新的、上移的细胞取代。每个细胞在到达体表时死亡，然后这些死细胞脱落，形成房间里的灰尘。

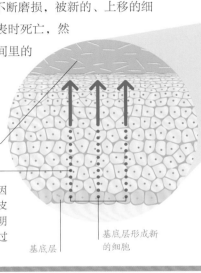

**透明的屏障**
因为表皮层的细胞会不断脱落，因此必须将文身文在表皮下方的真皮层。幸运的是，因为表皮层是透明的，即使文在真皮层，也可以通过表皮层看到文身。

死细胞脱落
细胞行至表皮
基底层
基底层形成新的细胞

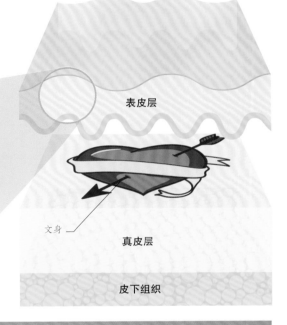

表皮层

文身

真皮层

皮下组织

## 支架

表皮下面是一层厚厚的真皮，后者赋予皮肤以强度和柔韧性。真皮层含有皮肤的神经末梢、汗腺、皮脂腺、发根及血管。真皮层主要由胶原蛋白和弹性蛋白纤维组成。这些胶原蛋白和弹性纤维蛋白可形成支架，支撑皮肤在压力下拉伸和收缩。

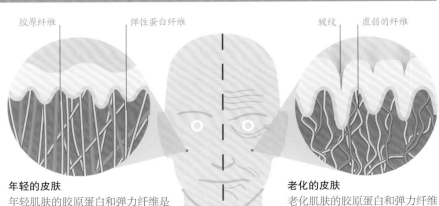

胶原纤维　　　弹性蛋白纤维　　　　　　皱纹　　虚弱的纤维

**年轻的皮肤**
年轻肌肤的胶原蛋白和弹力纤维是十分强壮的，可保持皮肤的光滑和坚实。适当补充水分及健康的饮食习惯可使皮肤保持年轻。

**老化的皮肤**
老化肌肤的胶原蛋白和弹力纤维较虚弱，使得皮肤表面形成皱纹。吸烟、光照过多及饮食不良可加速肌肤的老化。

## 皮肤的颜色

在皮肤的多种功能中，其中一个便是通过收集阳光中的紫外线来产生维生素D。然而，紫外线同时也是十分危险的（可引发皮肤癌），我们也需要一定的保护从而免受其害。皮肤产生的一种被称为黑色素的色素便可以充当这种保护层，并决定了皮肤的颜色。

**雀斑**是由黑色素聚集产生的

### 深色皮肤

在赤道，光线几乎是垂直照射在地球上，因此，赤道上的光线极强。这意味着生活在赤道周围的人们需要极大程度的保护，以免受紫外线的侵害。因此，皮肤就会产生大量的黑色素，从而使得这里的人们常常拥有深色皮肤。

**2 树突**
黑色素细胞具有手指状的延伸，被称为树突。每一个树突可以与大约35个邻近细胞连接在一起。

**1 黑色素细胞**
黑色素是由一种被称为黑色素细胞的特殊细胞产生的。这些细胞埋在表皮的基底层。

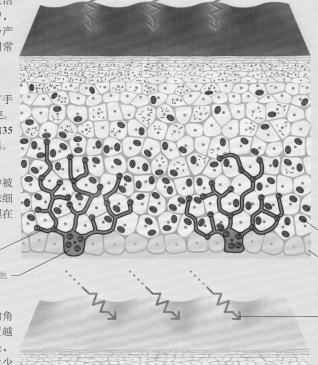

强烈的紫外线

**5 遮蔽紫外线**
黑素体分裂，并在皮肤上扩散黑色素。这样便形成了紫外线的保护层。

**4 吸收**
邻近皮肤细胞吸收黑素体。

**3 黑素体**
黑色素沿着黑素体的树突移动。

黑素体

基底层

树突

黑色素细胞

### 白皮肤

在地球的南北两边，太阳光照到地球的角度越来越小。光线角度越小，则强度越小，因此，所需要的保护就越少。于是，生活在这些区域的人们的皮肤就只产生少量的色素，从而导致他们的皮肤较白。

轻微的紫外线

**3 更薄弱的保护层**
薄弱的保护层已足够对抗少量的紫外线。

树突

**1 黑色素细胞**
在白皮肤中，黑色素细胞活性较低，且树突较少。

**2 苍白黑素体**
黑素体较苍白，且仅被少量的周围细胞占用。

黑色素细胞

黑素体

# 头发和指甲

头发和指甲都是由一种叫作角蛋白的硬性纤维蛋白组成的。指甲可强健及保护人的手指和脚趾，而头发能减少身体的热量流失，帮助人体保持温暖。

## 毛发的颜色、厚度及卷曲度

每根毛发都是由海绵芯（髓质）和韧性蛋白中间层（皮质）组成的，使头发卷曲和富有弹性。鳞状细胞外层（角质层）可反射光，因此头发看起来有光泽。但是如果角质层受损，头发就会显得无光泽。毛发的颜色、卷曲度、厚度和长度取决于毛囊的大小和形状（毛囊是头发长出来的地方），以及它们产生的色素类型。

**粗、直、红色的头发**
浅色和深色黑色素的混合物可产生金色、赤褐色或红色头发。毛囊如果较大、较圆，则其长出的头发也就较厚。头发厚度同时还取决于活性毛囊的数目。红色头发的毛囊相对较少。

大量褐黑素

少量真黑素

**为什么毛发长短不一？**
头部毛发可以生长几年，但在身体其他部位的毛发只能生长数周或数月。这也就是为什么体毛较短的原因，它们通常在长长之前就掉下来了。

**纤细、笔直、金黄色的头发**
毛囊基底部的细胞通过其根部来为毛发提供黑色素。金黄色头发中，仅在其轴心存在一种浅色黑色素。小圆型毛囊可产生笔直的、细细的头发。

髓质

角质层

浅色黑色素，或褐黑素

皮质

粗细

少量深色黑色素，或真黑素

## 毛发的生长

每个毛囊在其生命期间会经历大约25个周期的毛发生长。每一个周期都有一个生长阶段，在这个阶段毛发长长，接着进入休息期。在这个阶段，头发的长度不变，开始松动，然后脱落。休息期过后，毛囊重新激活，并开始产生一根新的头发。

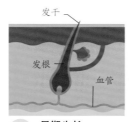

发干

发根

血管

**1 早期生长**
毛囊激活，在发根内产生新的细胞。随后这些细胞死亡，并被推向上方以形成发干。

延长的发干

**2 晚期生长**
发干可在2～6年的周期内延长。生长周期越长（常见于女性），则头发长度越长。

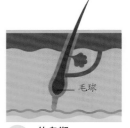

毛球

**3 休息期**
当毛球从根部拉开时，毛囊缩小，头发停止生长。这个过程通常需要3～6周。

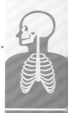

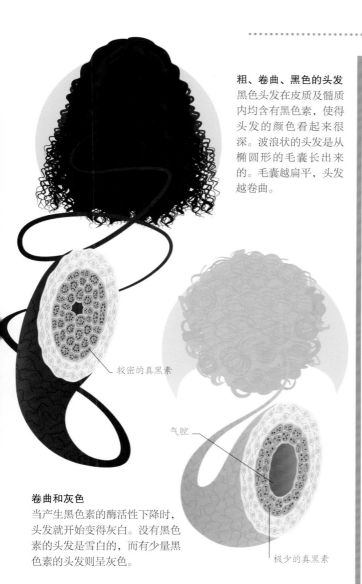

**粗、卷曲、黑色的头发**
黑色头发在皮质及髓质内均含有黑色素，使得头发的颜色看起来很深。波浪状的头发是从椭圆形的毛囊长出来的。毛囊越扁平，头发越卷曲。

较密的真黑素

气腔

**卷曲和灰色**
当产生黑色素的酶活性下降时，头发就开始变得灰白。没有黑色素的头发是雪白的，而有少量黑色素的头发则呈灰色。

极少的真黑素

# 指甲

指甲是由透明的角蛋白组成的。它们充当稳定柔软指尖的夹板，帮助手指抓握小物体。指甲还可使指尖的整体敏感度更强。但是，由于指甲有一部分伸出了指尖，因此很容易受到损伤。

基质（生长的区域）

指甲　　　　外皮

甲床

骨头

脂肪

**指甲如何生长**
指甲生长区域的基底部和两侧均有被称为外皮的皮肤褶皱保护。甲床的细胞是人体中最活跃的细胞之一，它们总是在进行分裂，使得指甲每个月就能长5毫米（0.2英寸）。

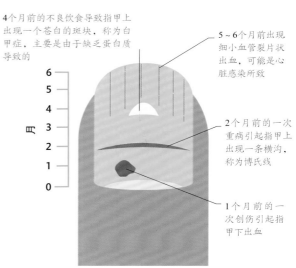

4个月前的不良饮食导致指甲上出现一个苍白的斑块，称为白甲症，主要是由于缺乏蛋白质导致的

5～6个月前出现细小血管裂片状出血，可能是心脏感染所致

2个月前的一次重病引起指甲上出现一条横沟，称为博氏线

1个月前的一次创伤引起指甲下出血

甲

6
5
4
3
2
1
0

**指甲可提示健康状况**
由于指甲是非必需的结构，所以在血液和营养匮乏时血液和营养物质可从甲床转移到更重要的部位。因此，指甲是身体状况及饮食是否良好的预测因子。医生在看病时仅需快速瞥一眼病人的手，就可从指甲的外观看出一系列病症。

**4** **分离**
　　疏松的头发自然脱落或是在梳理头发的时候掉下来。有时一根新生头发也可能"挤掉"那根疏松的头发。

毛球与血管分离

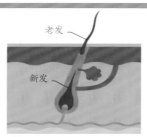

老发

新发

**5** **新发的生长**
　　毛囊开始进入新的周期。随着年龄越来越大，再度活化的毛囊会越来越少，所以头发就变得越来越薄，越来越少，甚至会出现秃头。

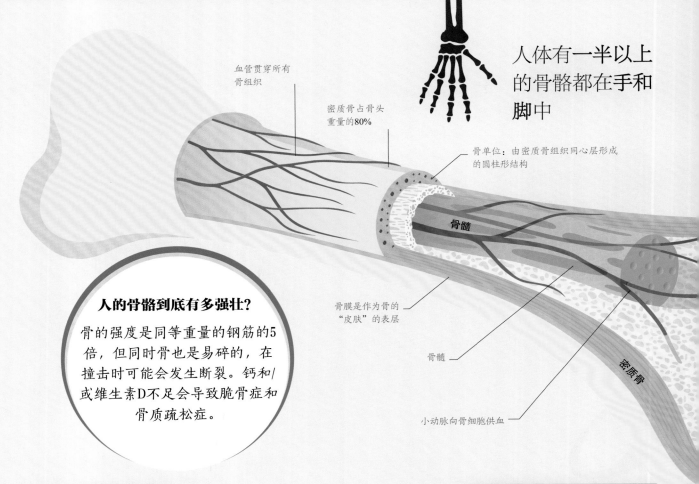

血管贯穿所有骨组织

密质骨占骨头重量的80%

人体有一半以上的骨骼都在手和脚中

骨单位：由密质骨组织同心层形成的圆柱形结构

骨髓

骨膜是作为骨的"皮肤"的表层

骨髓

小动脉向骨细胞供血

密质骨

### 人的骨骼到底有多强壮？

骨的强度是同等重量的钢筋的5倍，但同时骨也是易碎的，在撞击时可能会发生断裂。钙和/或维生素D不足会导致脆骨症和骨质疏松症。

# 身体的支柱

　　骨架就像一个挂着身体的衣架。除了向身体提供支撑及赋予其形状，骨骼还对人体起到保护作用，并通过其与肌肉之间的相互作用，使身体可以自由移动，摆出不同的姿势。

## 活组织

　　骨是一种由胶原蛋白纤维组成的活组织，含有矿物质（钙和磷酸盐），使得它比较坚硬。骨中所含的钙占人体总钙量的99%。骨细胞不断用新的骨组织代替旧的、老化的骨。骨的血管为这些细胞提供氧气和养分。密质骨的外壳由表层的骨膜覆盖，使其具有强度。而其下方是海绵状的支柱网络，减轻了骨骼的整体重量。在某些骨（包括肋骨、胸骨、肩胛骨和骨盆）中，还含有骨髓。骨髓有特殊的功能，即产生新的血细胞。

## 最小的骨

　　中耳的镫骨是最小的有名字的骨。而在人体的长肌腱的受压部位，也有一些小的籽骨（因其像芝麻的种子而命名），其作用是防止肌腱的磨损。

实物大小

镫骨（听小骨）

## 骨骼如何安装在一起

人体的骨骼可分为两部分。中轴骨由颅骨、脊柱和肋骨组成，可保护内部器官和中枢神经系统。附肢骨骼包括上肢骨和下肢骨，以及肩胛骨和骨盆，这些骨均与中轴骨相连接，可带动肌肉在意识支配下运动。

颅骨保护大脑

头颅

下颌骨

肩胛骨

肱骨

桡骨

尺骨

肋骨

脊柱

### 活骨内部

密质骨是由骨小管（骨单位）组成的。松质骨具有蜂窝状结构，具有一定强度，但重量较轻。

松质骨

肘部，又称麻筋儿，因为敲击它时可刺激尺神经，从而产生触电的感觉

股骨也称大腿骨，是人体最长的骨头，约占成人身高的1/4

腕骨

骨盆

股骨

重量较轻的松质骨

### 足部韧带

紧绷有力的韧带

骨头

腓骨，有助于稳定踝关节

腓骨

胫骨

胫骨（小腿骨）

跟骨固定跟腱

跟骨

### 自然的足部韧带

骨头被称为韧带的坚韧组织连接在一起。人体中骨头最多的部位是脚部，共有26块骨头。100根以上坚韧且有弹性的韧带将足骨连接在一起，使其具有灵活性及耐冲击性。这些韧带有足够的弹性来限制每个关节内骨头的活动范围。

### 活动的骨骼

手臂通过由锁骨和肩胛骨组成的肩胛带与脊柱相连接，而双腿通过骨盆带与脊柱相连接。骨盆两侧各由三个相互整合在一起的骨头组成。

# 生长的骨头

一个新生儿出生时的身长约为45～56厘米（18～22英寸）。婴儿时期，随着骨骼生长，身体的成长也是最快的。骨的生长速度在儿童期减慢，但在青春期又加快了。人在大概18岁的时候，骨骼停止生长，这时人也就达到了成人时的最终身高。

## 骨头是如何生长的

身高的增长发生在长骨末端的特殊生长板上。骨的生长受生长激素的控制，而在青春期时性激素会刺激骨的生长加速（参见第222～223页）。软骨的生长板在成年后融合，此后身高便不再增加。

## 新生儿体重

新生儿体重平均为2.5～4.3千克（5.5～9.5磅）。新生儿在出生后的前几天都会经历体重下降，但是到第10天，多数新生儿体重都会恢复并每天增加28克（1盎司）。

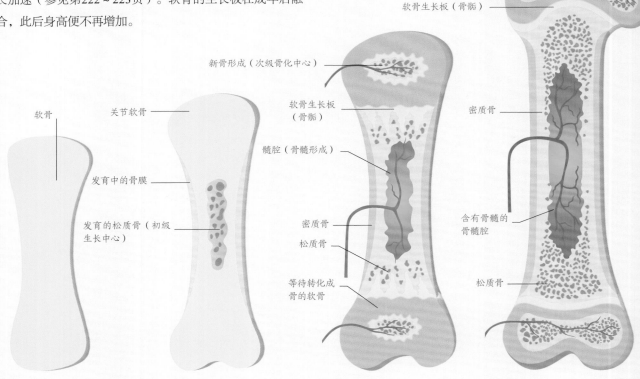

关节软骨

软骨生长板（骨骺）

新骨形成（次级骨化中心）

软骨生长板（骨骺）

髓腔（骨髓形成）

密质骨

松质骨

等待转化成骨的软骨

软骨

关节软骨

发育中的骨膜

发育的松质骨（初级生长中心）

密质骨

含有骨髓的骨髓腔

松质骨

**1 胚胎**
骨骼最初是由柔软的软骨形成的，软骨上有矿物质的沉积，对身体起着支撑作用。当胎儿在子宫中发育2～3个月时，便开始形成硬化的骨骼。

**2 新生儿**
新生儿的骨仍然主要由软骨构成，但已有了骨形成的活性部位（骨化）。首先发育的是位于骨干的初级骨化中心，其次发育的则是位于骨干两端的骨化中心。

**3 儿童**
在儿童期，多数骨干由硬化的密质骨和松质骨组成。骨干两端的生长板（骨骺）使骨延长。此时的骨骼仍然较柔软，在被撞击时可形成青枝骨折。

**4 青少年**
在青春期，性激素的分泌可引起生长激增。当新生骨长在软骨生长板（骨骺）上则导致骨干延长，进而使青少年身高增长。

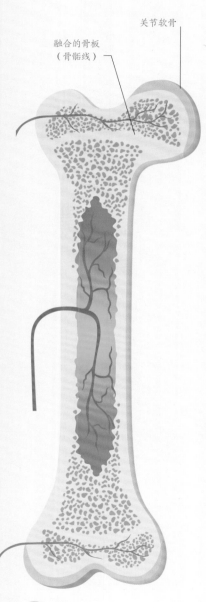

关节软骨

融合的骨板
（骨骺线）

**5 成人**
青春期过后，软骨生长板就转变成了骨（钙化）并相互融合，随后形成一个坚硬区域，称为骨骺线。在这个时期，骨的宽度仍可增加，但长度不再增加。

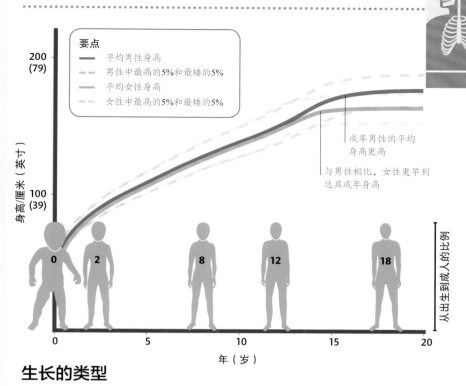

**要点**
—— 平均男性身高
- - - 男性中最高的5%和最矮的5%
—— 平均女性身高
- - - 女性中最高的5%和最矮的5%

成年男性的平均身高更高

与男性相比，女性更早到达其成年身高

身高/厘米（英寸）

200 (79)

100 (39)

从出生到成人的比例

0  2  8  12  18

0    5    10    15    20
年（岁）

## 生长的类型

婴儿的头围是其全身总长的1/4。而身高头围相对生长的变化使得婴儿在2岁时，头围只占其身长的1/6。到成人，头围只有身长的1/8。女孩比男孩更早进入青春期，并在大约16～17岁的时候到达其最终身高，而男孩直到19～21岁才会停止生长。

### 如何计算你的最终身高

假设父母都是正常身高，那么孩子的可能身高可以按如下办法计算。将父亲的身高与母亲的身高相加；如果是男孩，那么首先在父母身高之和的基础上再加13厘米（5英寸）；如果是女孩，那么首先在父母身高之和上减去13厘米（5英寸）；再将该数字除以2便是男孩或女孩的身高。绝大多数孩子最终的身高都在该估计值上下，波动不超过10厘米（4英寸）。

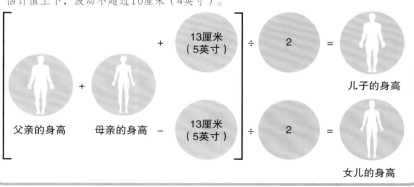

父亲的身高　＋　母亲的身高　＋　13厘米（5英寸）　÷　2　＝　儿子的身高

－　13厘米（5英寸）　÷　2　＝　女儿的身高

# 灵活性

由于关节的存在，人们才能够进行不同的肢体运动并灵活操控各种物体。肢体运动可以是幅度比较小且受到控制的，如用笔写字；也可以是幅度比较大且用力的，如掷球。

## 关节结构

两根骨头紧密相连便形成了关节。有些关节是固定的，可将骨锁定在一起，比如成人颅骨的骨缝。有些关节的运动范围有限，如肘关节，而其他关节则可以更自由地运动，如肩关节。

**椭圆关节**
在该类型的关节中，圆形或凸形末端的骨嵌合入具有中空或凹形的骨中。这些关节允许身体进行包括侧向倾斜在内的多种运动，但不能旋转。

**球窝关节**
该类型的关节位于肩部及臀部，其运动范围是最宽的，可允许肢体旋转。肩关节是人体最灵活的关节。

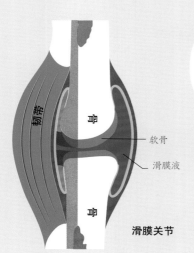

软骨
滑膜液

**滑膜关节**

**关节内部**
骨的末端为由光滑的软骨包裹的可移动关节，内有滑膜液，以减少摩擦。这些滑膜关节由结缔组织连接起来，称为韧带。一些关节，如膝关节，内部有起稳定作用的韧带，来阻止骨头在膝盖弯曲时滑动。

**滑车关节**
该类型的关节可允许一根骨头在同一平面内的任何方向滑动。滑车关节可允许椎骨在背部弯曲时滑动。同时，在足部及手部也有滑车关节存在。

韧带
骨
骨

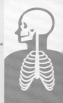

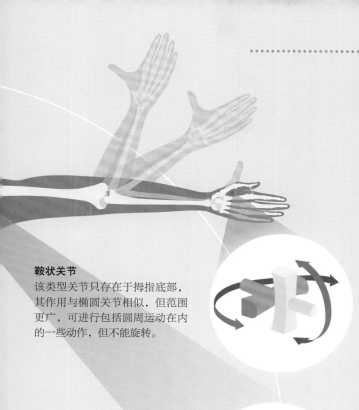

## 关节的类型

尽管人体作为一个整体，可进行多种复杂的运动，但每一个关节的运动范围却比较有限。有些关节的运动极其有限，这样，它们便能起到减震作用，比如小腿中两根长骨（胫骨和腓骨）的相交处或是足部的一些关节。下颌骨和颅骨两侧的颞下颌关节（参见第44~45页）是比较罕见的，因为它们每一个都包含一个软骨盘，可允许下颌骨在咀嚼和研磨食物的过程中从一侧向另一侧滑动，并可向前和向后运动。

人体中最小的关节位于中耳的三根小骨之间，这三根小骨的作用是帮助将声波传导至内耳。

**鞍状关节**
该类型关节只存在于拇指底部，其作用与椭圆关节相似，但范围更广，可进行包括圆周运动在内的一些动作，但不能旋转。

**车轴关节**
该类型关节可使一个骨头绕另一个骨头旋转，例如移动前臂以扭转手掌并使其向上或向下的运动。

### 拥有双关节的人

据说，拥有双关节的人的关节数目与普通人相同，但其关节的运动范围比普通人更宽。这种特征通常是由于遗传了弹性异常的韧带，或编码产生了较弱类型胶原（在韧带和其他结缔组织中发现的蛋白质）的基因所导致的。

**平面关节**
该类型的关节允许骨骼在同一层面运动，类似开门和关门的动作。比较经典的例子是肘部和膝部关节。

# 咬合和咀嚼

人们使劲吞下大块食物，用牙齿咬碎，这是消化的第一步。牙齿在人说话的时候也起到一定的作用，当没有牙齿的时候，人们通常很难发出"tutt"的声音。

## 从婴儿到成人

新生儿已经具备完整的牙齿，以小芽的状态位于下颌骨内。第一颗乳牙很小，以适应婴儿的小嘴。这些牙齿在儿童时期随着嘴巴长大而脱落，为恒牙留出空间。

6～12个月
10～19个月
16～23个月
9～18个月
23～33个月

**婴儿的牙齿**

### 乳牙萌出
在婴儿6个月到3岁期间，通常20颗乳牙依次出现，有少数婴儿第一颗乳牙直到一岁时才出现。

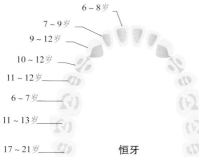

6～8岁
7～9岁
9～12岁
10～12岁
11～12岁
6～7岁
11～13岁
17～21岁

**恒牙**

### 恒牙萌出
在6岁到20岁期间，32颗恒牙依次出现，并将陪伴人的一生——即便是活到100岁。

## 与指纹一样，每个人的咬痕也是独一无二的

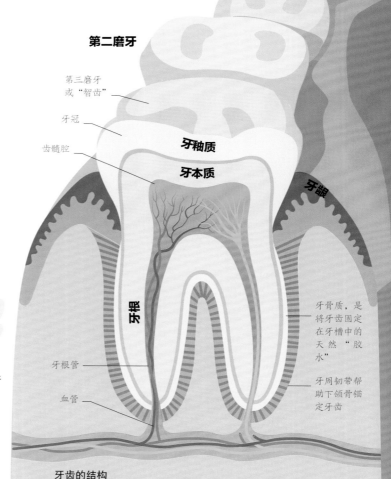

第二门牙
大齿
第一前磨牙
第二前磨牙
第一磨牙

**第二磨牙**

第三磨牙或"智齿"
牙冠
齿髓腔
牙釉质
牙本质
牙龈
牙根
牙根管
血管

牙骨质，是将牙齿固定在牙槽中的天然"胶水"

牙周韧带帮助下颌骨锚定牙齿

### 牙齿的结构
每颗牙齿都有牙冠，牙冠位于牙龈上方，其表面有坚硬的牙釉质。这样可保护较柔软的牙本质形成牙根。中央齿髓腔含有血管和神经。

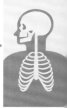

第一门牙

第二门牙 犬齿

## 什么是智齿？

最后一组磨牙通常出现在17岁到25岁。人们将其称作智齿，是因为它们总是过了儿童时期之后才出现。

## 不同类型的牙齿

牙齿根据其用途的不同而具有不同的形状和大小。锋利的切牙咬碎食物，犬齿可撕裂食物，磨牙和前磨牙有扁平的脊状表面，可咀嚼食物并将其研磨成小块。

## 你磨牙吗？

每12个人中就有一个人在睡觉时磨牙，而每5个人中有一个在清醒的时候咬紧牙关。这被称为磨牙症，可削弱牙齿的力量。如果你的牙齿看起来比较旧、扁平，或是有缺口、越来越敏感，或者醒来之后下巴疼痛、颚肌紧绷、耳朵疼痛，或隐隐头痛（尤其是当你还咬了脸颊内侧时），那么，你可能有磨牙症。磨损的牙齿可以用牙冠重塑。

扁平的牙齿

治疗后

## 感染

牙釉质是身体中最硬的物质，但易溶于酸，从而使牙齿的下部暴露于细菌和易受感染。酸来自一些食物、果汁和汽水，或者来自可将糖分解成乳酸的细菌斑块。

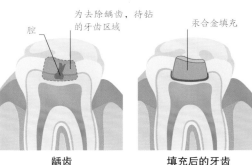

腔　为去除龋齿，待钻的牙齿区域　汞合金填充

龋齿　　填充后的牙齿

**腐蚀和填充**
当坚硬的牙釉质溶解时，其下方柔软的牙本质会受到感染。当上方的牙釉质坍塌时，便形成空洞。

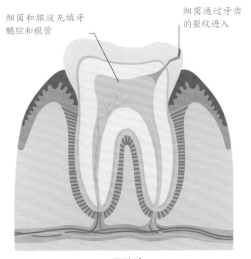

细菌和脓液充填牙髓腔和根管　　细菌通过牙齿的裂纹进入

牙脓肿

**脓肿**
如果细菌到达牙髓腔，便会在免疫系统难以到达的地方引起感染，并导致脓肿扩散至下颌骨。

# 臼齿（磨牙）

当用牙齿切割、磨碎食物时，强健的肌肉驱动下颚，产生相当大的力。下颚之所以能承受这么大的力，是因为它是人体内最坚硬的骨头。

## 人是如何咀嚼的

咀嚼是一项复杂的运动，其中颞肌和咬肌控制着下颌关节进行来回、上下和左右运动，就像杵和臼一样在磨牙之间将食物磨碎。灵活的下颌关节使人们根据自己摄入食物的种类，轻松地进行各类咀嚼运动。

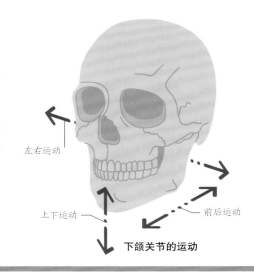

左右运动

上下运动

前后运动

下颌关节的运动

## 吃树叶的时候

从前，原始祖先的头骨较小，食物也不易咀嚼（就像今天的大猩猩一样）。那时候，他们的头骨上有一个高高的矢状嵴固定着充满力量的颞肌，其作用类似于一只飞鸟体内固定着巨大飞行肌的胸骨。

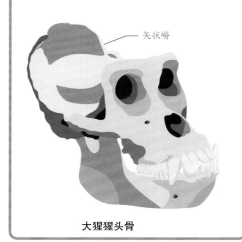

矢状嵴

大猩猩头骨

## 下颌骨是如何工作的

下颌骨和颅骨之间的两个颞下颌关节各包含一个软骨盘，拥有比其他平面关节（如肘关节和膝关节）更大的运动范围。这个软骨盘可以允许下颌骨在说话、咀嚼或打呵欠时进行左右和前后运动。

### 是什么导致下颌骨脱位（下巴脱臼）？

咀嚼的时候，下颌骨与颧弓咬合。如果软骨的保护盘向前移位，就会导致下巴脱臼。

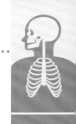

颞肌腱附着于颅骨上，肌腱的胶原纤维有
数百条延伸，贯穿骨骼并固定肌肉

颞肌在颅骨侧面
形成薄片

咀嚼肌附着在颞
骨的前部和后部

颞下颌关节中的软骨盘

下颌骨髁突位
于下颌窝内

颅骨

颞肌腱

颞肌

软骨盘

颧弓

咀嚼时，翼
状肌将平面
关节拉开

咬肌

咬肌能有力
地关闭下颌

上颌骨

下颌骨

**442**千克
（975磅）：咬肌在咬
合过程中施加的力

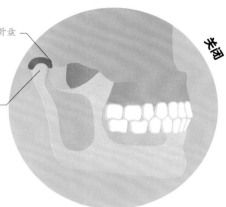

关闭

**嘴巴关闭**
颞下颌关节内的软骨盘位于颅骨中的一个
窝中，并围绕下颌骨上的一个旋钮，称为
髁突。软骨盘可保护关节，并防止人们在
咀嚼时下颌骨撞击颅骨。

软骨盘向前滑动

打开

下颌骨髁突向
前移出下颌窝

**张口**
下颌骨和软骨盘都可以从它们的"窝"中向前移动，使下
颌骨悬空。在上排牙齿和下排牙齿之间，可以容纳3根手
指的宽度。

**颚肌**
咀嚼肌附着在头骨上。强壮的颞肌
和咬肌能控制下颌骨的磨合、咬合
和闭合。

# 皮肤损伤

皮肤的损伤，无论只是表面擦伤，还是位于更深的皮肤区域，都可能导致体内的感染。因此，一旦发生皮肤损伤，应尽快使其愈合，以预防感染扩散。

## 伤口愈合

当皮肤受损时，首要步骤是防止伤口出血，或阻止烧伤（水疱）时液体的流失。一些伤口需要医疗护理，如用缝合线、粘条或组织胶将其封闭得更牢固。采用纱布将伤口封闭亦可帮助伤口愈合，并降低感染机会。

### 痂为什么发痒？

在愈合的过程中，各种细胞在伤口底部聚集，并开始收缩，以促使伤口愈合。随着组织缩小，这些细胞会刺激一种特殊的痒感神经末梢。但是不管多痒，千万不要去抓！

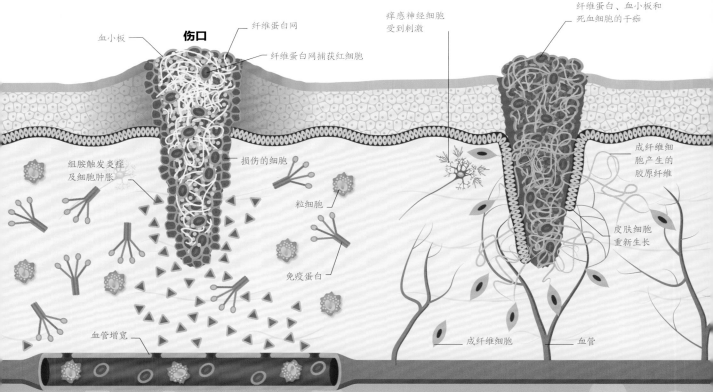

血小板　伤口　纤维蛋白网

纤维蛋白网捕获红细胞

痒感神经细胞受到刺激

纤维蛋白、血小板和死血细胞的干痂

组胺触发炎症及细胞肿胀

损伤的细胞

粒细胞

免疫蛋白

成纤维细胞产生的胶原纤维

皮肤细胞重新生长

血管增宽

成纤维细胞　血管

**1** 血液凝固与炎症
血小板是血细胞的碎片，聚集在一起形成血凝块。凝血因子形成纤维蛋白丝，使凝块位于破损处。粒细胞及其他细胞、免疫蛋白在此形成炎症，以攻击入侵的微生物。

**2** 皮肤细胞的繁殖
被称为生长因子的蛋白将可生成纤维的细胞（成纤维细胞）聚集到伤口处，并在此处形成富含新生血管的肉芽组织。皮肤细胞在伤口的底部及四周繁殖，来使伤口愈合。

## 干湿愈合

当痂暴露在空气中时，会变得坚硬，此时，新长出来的皮肤细胞只能在伤口的下方填满创面，并慢慢溶解掉坚硬的痂。而现代敷料可使伤口保持湿润，有助于新生的皮肤细胞直接横跨湿润的创面。这样便可以使伤口愈合得更快、疼痛更少、感染机会更小，并且结的痂也较少。

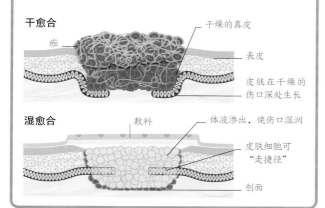

干愈合

痂 — 干燥的真皮
表皮
皮肤在干燥的伤口深处生长

湿愈合

敷料 — 体液渗出，使伤口湿润
皮肤细胞可"走捷径"
创面

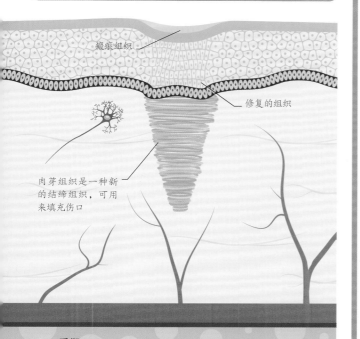

瘢痕组织
修复的组织
肉芽组织是一种新的结缔组织，可用来填充伤口

**3  重塑**
表面的皮肤细胞已在受损区域生长完成，并将干痂变为瘢痕组织。结痂的区域逐渐缩小成一片红色区域，再慢慢变成白色。而肉芽组织则会持续一段时间。

## 烧伤

当皮肤被加热到49℃（120℉）以上，就会被破坏，导致烧伤。烧伤也可能是由于接触化学物质或是电击造成的。

表皮
真皮
皮下组织

**Ⅰ度烧伤**
仅有最上层皮肤受伤，导致红肿和疼痛。死细胞可以在几天之后剥离。

**Ⅱ度烧伤**
更深层的细胞被破坏并形成大水泡，此时如果有足够的活细胞保留，可能会阻止瘢痕形成。

**Ⅲ度烧伤**
皮肤全层烧伤，此时可能需要皮肤移植，也可能形成瘢痕。

## 大水泡

热、湿气和摩擦相结合，导致皮肤各层分离并形成一个由液体填充的水泡，可保护受损的皮肤。在其表面涂上水状胶水泡膏便可吸收液体，并形成一个减震、无菌的环境，以促进水泡更快地愈合。

水泡

## 痤疮

皮脂腺可将油脂（皮脂）释放到皮肤和头发上。当腺体产生过多的皮脂时，毛囊会因皮脂和死皮细胞堵塞而形成黑头。皮肤上的细菌可感染这些黑头块，形成斑块，当其愈合时可形成疤痕。

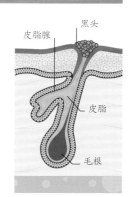

皮脂腺
黑头
皮脂
毛根

# 骨折及复位

骨折是指骨断裂，通常是由意外导致，如摔倒、遭遇交通事故或运动损伤。某些骨折程度较轻，仅形成轻微的凹陷或裂缝，这种骨折愈合得很快。一些严重的骨折，则会使骨粉碎成3块以上。

## 开放性骨折

同时也称为复合骨折。开放性骨折是一种较严重的损伤。在开放性骨折中，皮肤被破碎的骨或其他物质刺破。这种情况可引起感染，因此需要使用抗生素

## 闭合性骨折

在闭合性骨折中，皮肤保持完整。闭合性骨折也称单纯骨折，其损伤相对无菌，因此可避免感染。通常仅需要使用石膏将骨固定在正确的位置，以促进其愈合

未成熟的骨头尚未完全矿化，当弯曲时，骨头可能在一侧开裂，而并不会造成断裂。这被称为青枝骨折，常见于小孩从树上掉下来的情况

## 青枝骨折

## 螺旋形骨折

**螺旋形骨折**为环绕长骨骨干的螺旋状断裂，而并非横向断裂。这种骨折是由一股扭转的力造成的，如一个学步儿童在跳跃时伸脚着地。

当一根骨头碎成3块或3块以上的时候，便称为粉碎性骨折。可能需要通过手术插入一块钢板和螺钉来固定松散的骨碎片，以促进其稳定愈合

压缩性损伤可导致骨的两侧断裂端彼此塌陷并使骨缩短。这种骨折必须采用牵引伸展，也就是温和、平稳地把骨头分开

## 粉碎性骨折

## 螺旋形骨折

## 压缩性骨折

## 鼻部的骨头

用手指捏你的鼻子，你会感觉到鼻梁中的骨头与鼻尖的软骨相连。当鼻子破裂时，顶部的骨头会发生骨折。

鼻梁的骨头可发生骨折

软骨具有一定的灵活性，可在受到撞击时发生弯曲

软骨

## 骨折的类型

骨头可能会被撞击或破坏，但有时人体受到重复的压力，如跑马拉松也可导致骨折。年轻人最常见的骨折部位是肘部和上臂（玩耍时发生损伤），以及下肢（通常在球类运动或其他活动时受到损伤）。老年人的骨骼受到骨质疏松的影响（参见第50页），更容易发生骨折的部位是髋部和手腕部。

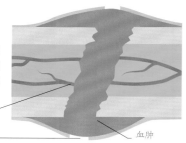

# 错位

如果支持活动性关节的韧带发生扭伤，则骨头可滑出其原本的位置，造成关节错位。关节错位最常见的部位是肩关节、指关节和拇指关节。在治疗时，医生将骨头复位回原位，并采用石膏或悬带固定好关节，以使韧带愈合。一些关节，如肩关节，当其韧带松弛的时候，可一次又一次地发生关节错位。

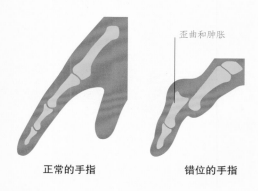

正常的手指　　　　　　错位的手指

歪曲和肿胀

**关节错位**

当你笨拙地接球时，可能会发生关节脱臼。关节脱臼可导致疼痛、肿胀和外观畸形。一旦脱臼的骨头重新复位（在照X射线排除骨折后），手指被拼合在一起，以促进愈合。

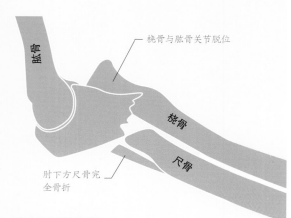

肱骨

桡骨与肱骨关节脱位

桡骨

尺骨

肘下方尺骨完全骨折

**同时发生骨折和错位**

当骨折的部位接近关节时，韧带可能会垮掉，从而造成骨折和错位同时发生，常见于肘关节处尺骨骨折及桡骨移位。

# 愈合

与其他任何组织一样，骨损伤也可以愈合，但由于骨的愈合过程需要矿物质沉积以恢复骨的强度，因此其愈合过程较缓慢。可通过将身体某部位置于坚硬的铸件中固定断裂的骨。如果需要更坚固的支撑，可通过手术插入螺钉或金属板，以促进骨折的分期愈合。

**1 即刻反应**

骨折部位迅速充满血液，形成一个大凝块。受损部位周围的组织形成瘀伤样肿胀。该区域可感到疼痛、发炎，一些骨细胞因循环不良而死亡。

血管破裂

骨膜（骨的"皮肤"）破裂

血肿

**2 3天以后**

毛细血管长入血凝块，受损组织慢慢被清道夫细胞分解、吸收和清除。接着，有专门的细胞进入该区域并开始铺设像骨细胞支架一样的胶原纤维。

胶原纤维

**3 3周后**

胶原纤维横跨骨折部位，并相互结合以连接骨断端。修复过程中形成一种肿胀的最初由软骨形成的愈合组织。但是这种软骨的支持比较虚弱，如果过早移动，则可能发生再次骨折。

硬结

**4 3月后**

修复组织内的软骨在骨折的外边缘被松质骨和密质骨替代。在骨折愈合的过程中，骨细胞重塑骨骼，并去除掉多余的痂，最终肿胀消除。

骨折愈合后

# 骨质逐渐减少

骨骼中的细胞通过不断溶解旧骨和形成新骨来重塑骨骼。然而，当溶骨和成骨的过程不平衡时就会导致各种各样的问题，有些问题还比较麻烦。

## 当骨磨损时

当新生骨不足以替代老骨时，就会引起脆骨病和骨质疏松症。这种失衡通常是由含钙食物摄入不足或维生素D不足所致。维生素D可从食物中获得，但如果身体常年不接受阳光照射，也会引起钙的吸收障碍。缺乏维生素D和钙也可能是因为生命后期激素水平的改变所致，例如女性绝经后雌激素下降等。骨质疏松可产生一些症状，但其最初的迹象是髋部或腕部轻轻一摔便导致骨折。

密质骨外层已耗尽

有力的密质骨外层

骨质疏松性骨

内部呈海绵状

内部变脆

健康骨

**健康骨**
健康的骨骼具有强壮的、厚实的致密外层，下方有良好的松质骨网络。在X光上这些结构显影清晰，其强度也足够承受一些轻微打击，如伸手着地等。

### 锻炼骨

日常锻炼可刺激新生骨组织的产生。高强度的运动，如健美操、慢跑或球类运动是最好的，但所有承重运动，包括温和的瑜伽或打太极拳，都有助于加强骨骼受压的部位。

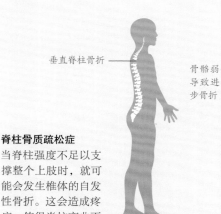

在瑜伽的这一式练习中，受压的骨为胫骨。

垂直脊柱骨折

骨骼弱化导致进一步骨折

进一步的损伤使脊柱变得更加弯曲

**脊柱骨质疏松症**
当脊柱强度不足以支撑整个上肢时，就可能会发生椎体的自发性骨折。这会造成疼痛，使得脊柱弯曲更严重。

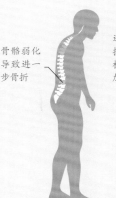

早期　　　　后期　　　　晚期

## 骨质疏松症有多常见？

在世界范围内，50岁以上的人群中，每3个女性和每5个男性就有一个经历过骨质疏松性骨折。吸烟、饮酒及缺乏锻炼均有可能增加损伤的风险。

牛奶

桃子

骨

西蓝花

芝士

**补充钙**
在生命的每一个阶段，摄入大量含钙食物、均衡饮食以防止骨质疏松都是必需的。比较好的膳食钙源为奶制品、一些水果和蔬菜、坚果、豆类、罐头制品、蛋类、罐头鱼（含骨的）以及营养面包。

橙子

豌豆

鱼

**骨质疏松**
脆性骨仅有一层薄薄的密质骨，其下方的松质骨网络内部支撑也较少。薄层骨几乎在X光上显示不出来，且一次轻微的摔伤都有可能导致骨折。

## 当关节变得脆弱时

如关节受到多次磨损，可导致一种被称为骨关节炎的疾病。骨关节炎尤其常见于一些承重的关节，如膝盖和髋关节，可导致疼痛、身体僵硬和关节受限。在这种情况下，关节软骨变少并消失，引起骨末端相互摩擦及骨质增生。

### 关节置换

可单纯采用止疼药治疗骨关节炎，但是当症状影响到生活质量时，最好的解决办法是用金属、塑料或陶瓷制成的人工关节来代替骨关节。然而，即便是人工关节也有可能被磨损，大约每隔10年需要重新置换一次。常见的需要置换的关节是髋关节。

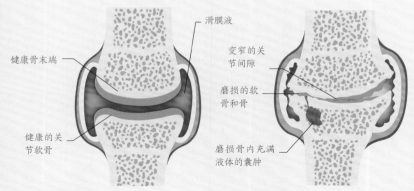

滑膜液

健康骨末端

变窄的关节间隙

磨损的软骨和骨

健康的关节软骨

磨损骨内充满液体的囊肿

**健康关节**
在健康的关节中，软骨可对两端的骨起到缓冲作用，而后者被一层称为滑膜液的润滑剂分开。

**关节炎**
在关节炎中，关节软骨被腐蚀。骨头互相摩擦，滑膜液也无法润滑骨头。

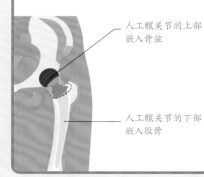

人工髋关节的上部嵌入骨盆

人工髋关节的下部嵌入股骨

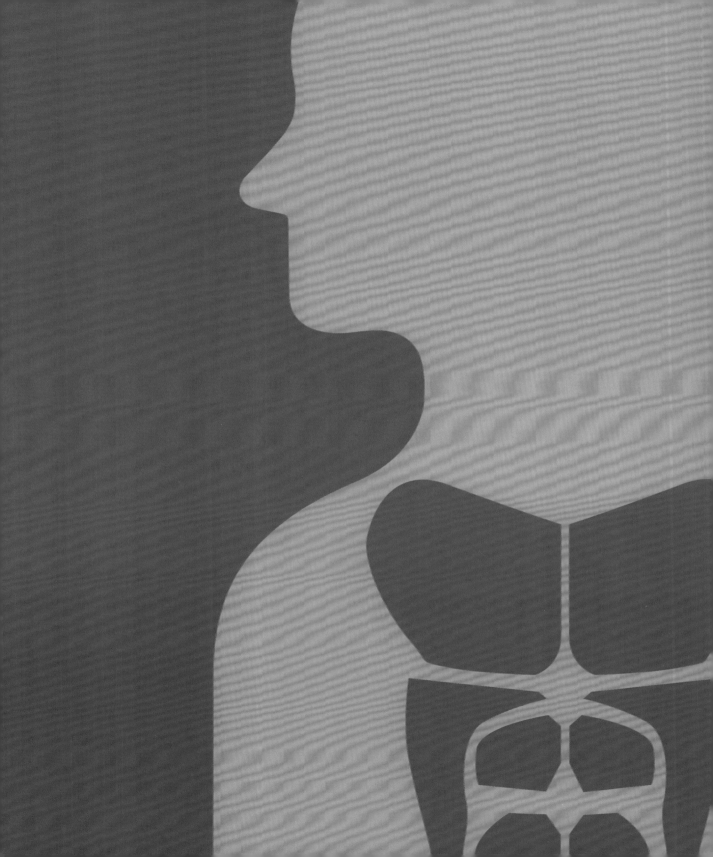

# 人体是如何
# 运动的？

# 牵引力

肌肉是人体所有动作的执行者，通过肌腱与骨头相连接。肌腱是由坚固的结缔组织组成的，后者的作用是在运动过程中被拉长来对抗该动作所产生的力。

## 团队工作

肌肉只能牵拉，而不能后推。因此，它们必须与其对抗的肌肉成对或成组协同工作。当一组肌肉收缩时，另一组肌肉舒张，以使关节屈曲。它们可通过互换角色（收缩的肌肉松弛，舒张的肌肉收缩）来伸展关节。例如，肱二头肌收缩时肘关节屈曲，而肱三头肌收缩时，肱二头肌松弛，肘关节伸展。因此，肌肉只能通过杠杆，间接地起到"推"的作用。

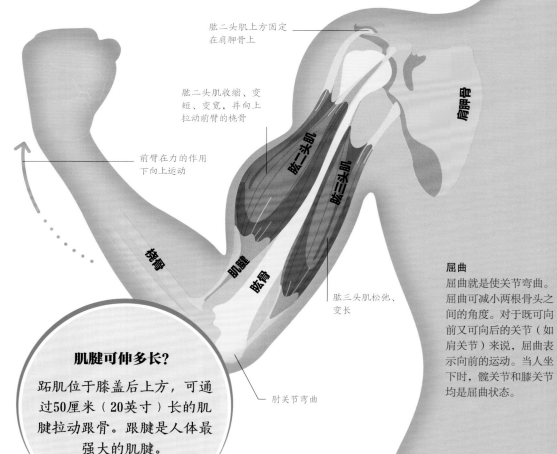

肱二头肌上方固定在肩胛骨上

肱二头肌收缩、变短、变宽，并向上拉动前臂的桡骨

前臂在力的作用下向上运动

肩胛骨

肱二头肌

肱三头肌

桡骨

肌腱

肱骨

肱三头肌松弛、变长

肘关节弯曲

### 肌腱可伸多长？

跖肌位于膝盖后上方，可通过50厘米（20英寸）长的肌腱拉动跟骨。跟腱是人体最强大的肌腱。

### 屈曲

屈曲就是使关节弯曲。屈曲可减小两根骨头之间的角度。对于既可向前又可向后的关节（如肩关节）来说，屈曲表示向前的运动。当人坐下时，髋关节和膝关节均是屈曲状态。

### 伸展

关节伸展是关节屈曲的反向，是指两根骨头之间的角度变大的情况。对既可向前又可向后移动的关节（如髋关节）来说，伸展则表示向后的运动。当人站立时，髋关节和膝关节为伸展状态。

# 身体杠杆

杠杆可允许运动围绕着一个支点进行。一级杠杆中，支点是中心；二级杠杆中，负荷在力与支点之间；三级杠杆中，力在负荷与支点之间（就像使用一对镊子）。

**要点**

◢ 支点　↑ 力的方向　↑ 负荷的运动

### 一级杠杆

颈肌就属于一级杠杆。当颈肌收缩时，可使下巴位于支点（颅骨与脊柱之间的关节）的对侧。

身体稍稍上升，但力量很大

### 二级杠杆

当脚着地时，腓肠肌可通过牵引起到二级杠杆的作用。脚在脚趾根部弯曲，这样整个身体都可在脚尖处上升。

### 三级杠杆

肱二头肌就是一种三级杠杆。在其支点（肘部）处小幅度拉动骨头，便可引起杠杆另一侧手臂的大幅度位移。在三级杠杆中，小小的努力就可转变成大大的运动。

支点就是肘关节

## 在跑步时，跟腱的强度足以支撑人体体重十倍以上的重量。

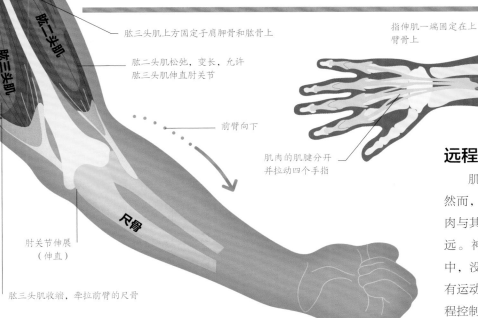

肱三头肌上方固定于肩胛骨和肱骨上

肱二头肌松弛，变长，允许肱三头肌伸直肘关节

前臂向下

肘关节伸展（伸直）

肱三头肌收缩，牵拉前臂的尺骨

指伸肌一端固定在上臂骨上

肌肉的肌腱分开并拉动四个手指

## 远程控制

肌肉通过肌腱拉动骨头。然而，肌腱可以很长，因此肌肉与其控制的关节之间距离较远。神奇的是，在人的手指中，没有一块肌肉。手指的所有运动都是通过手臂肌肉的远程控制来完成的。

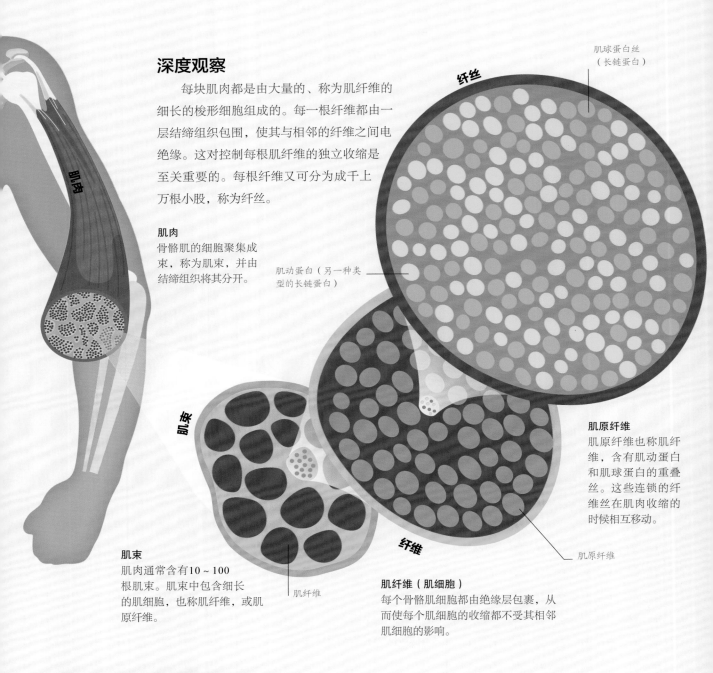

### 深度观察

　　每块肌肉都是由大量的、称为肌纤维的细长的梭形细胞组成的。每一根纤维都由一层结缔组织包围，使其与相邻的纤维之间电绝缘。这对控制每根肌纤维的独立收缩是至关重要的。每根纤维又可分为成千上万根小股，称为纤丝。

**肌肉**
骨骼肌的细胞聚集成束，称为肌束，并由结缔组织将其分开。

**肌肉**

**纤丝**

肌球蛋白丝（长链蛋白）

肌动蛋白（另一种类型的长链蛋白）

**肌原纤维**
肌原纤维也称肌纤维，含有肌动蛋白和肌球蛋白的重叠丝。这些连锁的纤维丝在肌肉收缩的时候相互移动。

肌原纤维

**肌束**

**纤维**

**肌束**
肌肉通常含有10～100根束。肌束中包含细长的肌细胞，也称肌纤维，或肌原纤维。

肌纤维

**肌纤维（肌细胞）**
每个骨骼肌细胞都由绝缘层包裹，从而使每个肌细胞的收缩都不受其相邻肌细胞的影响。

# 肌肉是如何牵拉的？

　　人体所有的运动都是由肌细胞完成的。有些肌肉是受意愿控制的，只有在人们想要它们收缩的时候才会收缩。而另一些肌肉则自动收缩，以维持机体的正常运转。肌细胞可在肌动蛋白及肌球蛋白分子的作用下收缩。

## 神秘的分子

肌动蛋白和肌球蛋白丝排列在一起，称为肌节。当肌肉收到收缩信号，肌球蛋白丝不断地拉动肌动蛋白丝使得二者越来越靠近。这样，肌肉就缩短了。当两者分开时，则肌肉重新松弛。

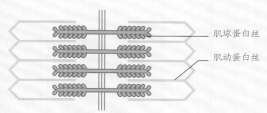

肌球蛋白丝

肌动蛋白丝

肌肉松弛时的肌节

**1 肌球蛋白获能**
ATP分子（由糖和氧气产生）为肌球蛋白头赋能。

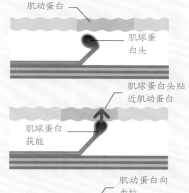

肌动蛋白

肌球蛋白头

**2 肌球蛋白头贴近肌动蛋白**
获能的肌球蛋白头附着在肌动蛋白丝上，形成横桥。

肌球蛋白头贴近肌动蛋白

肌球蛋白获能

**3 头转动**
肌球蛋白头释放能量并转动，使肌球蛋白丝滑动。横桥变窄。

肌动蛋白向内拉

肌球蛋白头旋转

**4 再次获能**
横桥释放，肌球蛋白头再次获能。在一次肌肉收缩中，上述步骤重复发生。

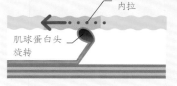

肌球蛋白头分离

肌动蛋白向内拉，肌肉收缩并变短

肌肉收缩时的肌节

### 快慢抽搐

肌肉有两种类型的纤维。快肌纤维可在50毫秒内到达其峰值收缩，也就是其输出功率的峰值，但几分钟后就疲劳了。而慢肌纤维要到110毫秒才能到达其峰值收缩，但不会疲劳。短跑运动员所需的爆发力意味着他们有更多的快肌纤维。长跑运动员则有更多的不易疲劳的慢肌纤维。

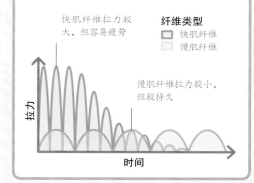

快肌纤维拉力较大，但容易疲劳

**纤维类型**
☐ 快肌纤维
☐ 慢肌纤维

慢肌纤维拉力较小，但较持久

拉力

时间

### 抽筋

有时肌肉可能会不自主收缩，导致疼痛性抽筋。这种情况通常发生于化学物质失衡时，如血液循环差导致氧水平低及乳酸的增高，从而干扰横桥的释放。轻柔地伸展和揉搓收缩的肌肉可刺激循环并帮助肌肉松弛。

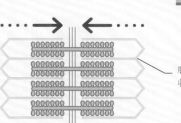

**快肌纤维**每秒可收缩30~50次。

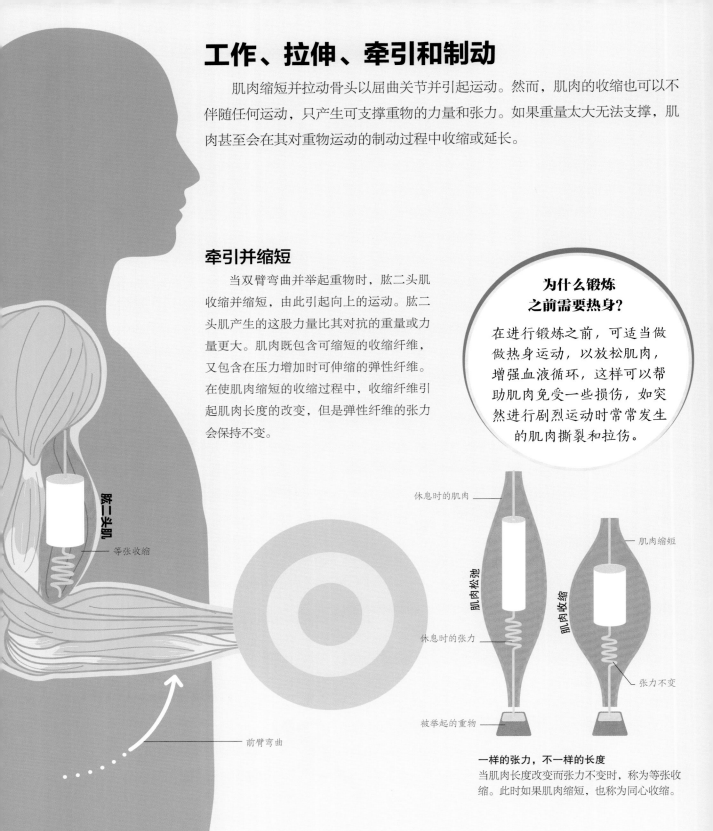

# 工作、拉伸、牵引和制动

肌肉缩短并拉动骨头以屈曲关节并引起运动。然而，肌肉的收缩也可以不伴随任何运动，只产生可支撑重物的力量和张力。如果重量太大无法支撑，肌肉甚至会在其对重物运动的制动过程中收缩或延长。

### 牵引并缩短

当双臂弯曲并举起重物时，肱二头肌收缩并缩短，由此引起向上的运动。肱二头肌产生的这股力量比其对抗的重量或力量更大。肌肉既包含可缩短的收缩纤维，又包含在压力增加时可伸缩的弹性纤维。在使肌肉缩短的收缩过程中，收缩纤维引起肌肉长度的改变，但是弹性纤维的张力会保持不变。

肱二头肌

等张收缩

前臂弯曲

### 为什么锻炼之前需要热身？

在进行锻炼之前，可适当做做热身运动，以放松肌肉，增强血液循环，这样可以帮助肌肉免受一些损伤，如突然进行剧烈运动时常常发生的肌肉撕裂和拉伤。

休息时的肌肉

肌肉缩短

肌肉松弛

肌肉收缩

休息时的张力

张力不变

被举起的重物

**一样的张力，不一样的长度**
当肌肉长度改变而张力不变时，称为等张收缩。此时如果肌肉缩短，也称为同心收缩。

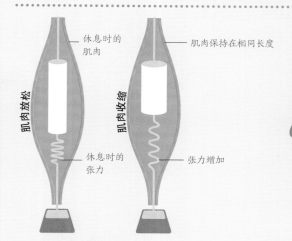

休息时的肌肉 — 肌肉保持在相同长度

肌肉放松 肌肉收缩

休息时的张力 — 张力增加

## 牵引但并不缩短

当平稳握住重物，使其不至于掉落，那么肌肉的长度就不会改变或是产生位移。这个过程并不会发生肌肉的缩短，而是产生一个较强的拉力或张力。事实上，很多肌肉都会有轻度的收缩，以对抗身体的重力效应。

**牵引但并不移动**

如果肌肉在张力增加时仍保持原来的长度，则称为等长收缩。由于肌肉长度并未改变（因为不发生位移），这样的收缩也称为均衡收缩。

三角肌

肱二头肌

肱二头肌的均衡收缩可将重物稳稳地握住

三角肌在阻止重物下降的过程中自身也会变长

前臂下降

休息时的肌肉

肌肉松弛 肌肉收缩

休息时的张力 — 肌肉变长

张力增加

**牵引和变长**

在一个偏心性的等张收缩中，肌肉内部产生的张力不足以承受整个负荷。随着肌肉收缩，其长度也会变长，例如，当放下重物过程中突然停止的时候。

肌肉收缩产生的热量高达人体总热量的**85%**。

# 感觉输入，动作输出

大脑和脊髓构成了中枢神经系统。它们通过一个庞大的"感觉"神经细胞网络接收来自全身的感觉输入。而作为对这些感觉信息的应答，大脑和脊髓将信息传至"运动"神经细胞，以控制人体的行为。

在对信息产生意识之前，大脑需要花费400毫秒来处理输入的信息。

## 到底有多快？

与通过大脑产生的应答时间相比，反射反应的速度要快得多。对视觉、听觉及触觉来说的确如此。

| | | |
|---|---|---|
| 视觉 | | 0.25秒 |
| 听觉 | | 0.17秒 |
| 触觉 | | 0.15秒 |
| 反射 | | 0.005秒 |

**输入（感觉神经）**

## 不经过大脑

如果一个动作需要意识来完成，如听到一声枪响，那么在身体采取行动之前，信号会通过感觉神经首先从脊髓传至大脑接受处理。一些意识性的动作变得相对自动化，并且"不经大脑"自动进行。事实上，多数为了使身体正常运转的神经信号，均是在潜意识的状态下在大脑里进进出出。

短跑运动员就位

耳朵将枪响作为听觉信号来理解

**等待信号的发出**
短跑运动员在起跑线处就位，等待起跑信号枪响。

**音频提示**
起跑枪声响起。声波到达耳朵，耳朵再将感觉信号传递给大脑。

## 将大脑从神经回路中移开

为了生存，有时需要绕过大脑迅速反应，这就是本能反应。这条反射通路是通过脊髓来完成的，这样可以避免信息传至大脑产生的延迟。当反射动作完成后，大脑可能会随后直接获知该信息。

手指传来的疼痛

火焰灼烧皮肤

**突然的信号**
当手指突然接触到火焰时，一个疼痛信号便通过感觉神经传递到脊髓。

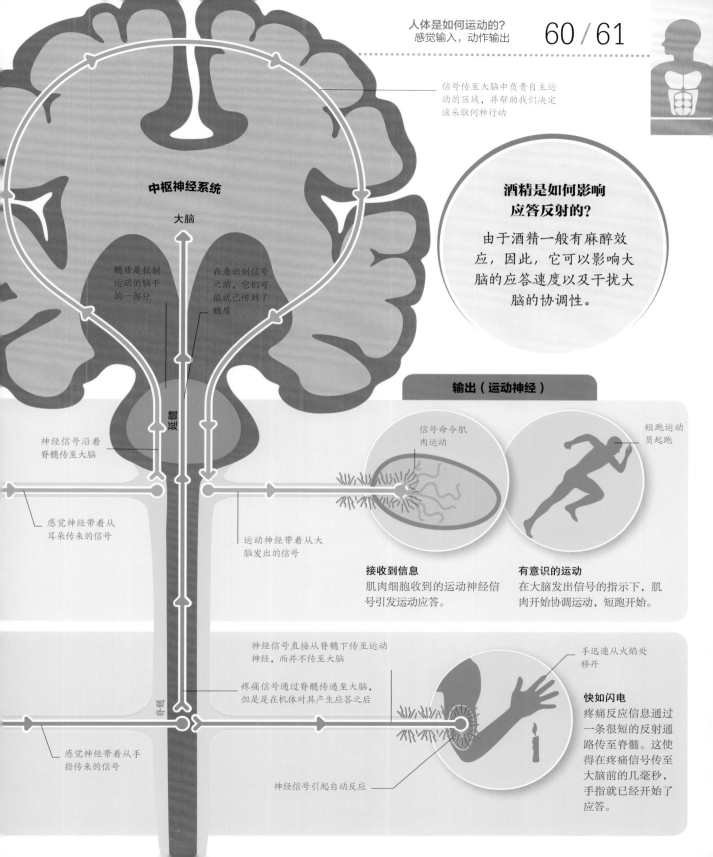

信号传至大脑中负责自主运动的区域，并帮助我们决定该采取何种行动

**中枢神经系统**

大脑

髓质是控制运动的脑干的一部分

在意识到信号之前，它们可能就已传到了髓质

延髓

神经信号沿着脊髓传至大脑

感觉神经带着从耳朵传来的信号

运动神经带着从大脑发出的信号

脊髓

神经信号直接从脊髓下传至运动神经，而并不传至大脑

疼痛信号通过脊髓传递至大脑，但是是在机体对其产生应答之后

感觉神经带着从手指传来的信号

神经信号引起自动反应

---

**酒精是如何影响应答反射的？**

由于酒精一般有麻醉效应，因此，它可以影响大脑的应答速度以及干扰大脑的协调性。

---

**输出（运动神经）**

信号命令肌肉运动

短跑运动员起跑

**接收到信息**
肌肉细胞收到的运动神经信号引发运动应答。

**有意识的运动**
在大脑发出信号的指示下，肌肉开始协调运动，短跑开始。

---

手迅速从火焰处移开

**快如闪电**
疼痛反应信息通过一条很短的反射通路传至脊髓。这使得在疼痛信号传至大脑前的几毫秒，手指就已经开始了应答。

# 控制中枢

大脑负责对身体的各个功能进行协调。大脑含有相互连接的亿万个神经细胞，因此，是最复杂的器官。大脑可以同时处理思想、行为和情绪。尽管人们普遍认为，虽然大脑某些区域的确切功能尚不明确，但人类已使用了其大脑的全部功能。

## 大脑内部

脑可以分为两个主要的部分：高级脑和原始脑。在两者中，高级脑（即大脑）体积更大，可分为两半部分，即左脑半球和右脑半球。高级脑可产生意识。而原始脑则与脊髓相连接，是控制身体自主功能（包括呼吸和血压）的中枢。

**灰质**

大脑外层的深色区域主要是神经细胞体，其中一些聚集在一起形成神经节。

神经细胞体

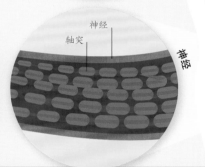

**白质**

可携带神经细胞发出的电信号的细小神经丝或轴突，组成了灰质下方的苍白组织（白质）。

神经

轴突

灰质

**原始脑**

小脑、丘脑和脑干处理本能反应和自动功能，如体温和睡眠-觉醒周期。这部分区域同时也产生一些原始的情感，如生气和害怕。小脑可协调肌肉的运动，并帮助保持平衡。

## 工作中的大脑

当人在学习一项新技能的时候，所有参与其中的脑细胞可形成新的连接。这意味着一些尚不熟悉的动作开始变得"自动化"起来。高尔夫球手的熟练程度可在他们挥杆时大脑的活化区域反映出来。

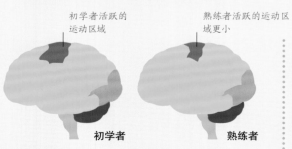

初学者活跃的运动区域

熟练者活跃的运动区域更小

初学者

熟练者

**外脑活动**

当人练习挥杆时，随着曾经不熟悉的动作变得更精细，大脑中的活化区域就会变少。但不论是初学者还是熟练者，其大脑中致力于动作协调及视觉处理的区域活化程度均相同。

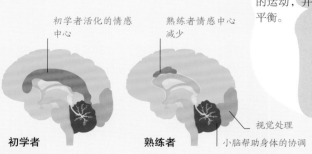

初学者活化的情感中心

熟练者情感中心减少

初学者

熟练者

视觉处理

小脑帮助身体的协调

**内脑的活动**

大脑的横断面表明初学者的情感中心是活化的，他们可能在处理焦虑或尴尬。而熟练的高尔夫球手已学会控制他们的情绪，并专注于挥杆。

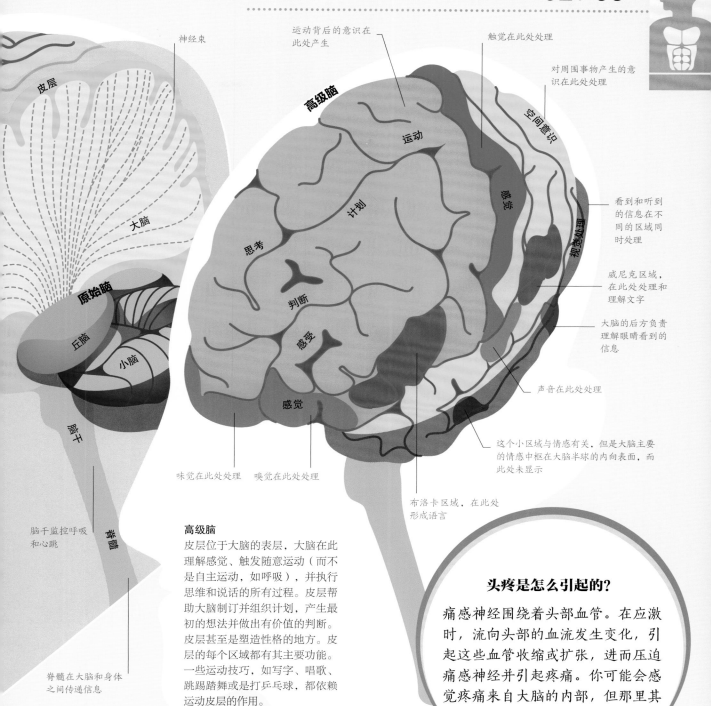

神经束

皮层

大脑

原始脑

丘脑

小脑

脑干

脊髓

脑干监控呼吸
和心跳

脊髓在大脑和身体
之间传递信息

高级脑

运动

计划

思考

判断

感受

感觉

感觉

空间意识

视觉处理

运动背后的意识在
此处产生

触觉在此处处理

对周围事物产生的意
识在此处处理

看到和听到
的信息在不
同的区域同
时处理

威尼克区域，
在此处处理和
理解文字

大脑的后方负责
理解眼睛看到的
信息

声音在此处处理

这个小区域与情感有关，但是大脑主要
的情感中枢在大脑半球的内向表面，而
此处未显示

布洛卡区域，在此处
形成语言

味觉在此处处理

嗅觉在此处处理

### 高级脑

皮层位于大脑的表层，大脑在此
理解感觉、触发随意运动（而不
是自主运动，如呼吸），并执行
思维和说话的所有过程。皮层帮
助大脑制订并组织计划，产生最
初的想法并做出有价值的判断。
皮层甚至是塑造性格的地方。皮
层的每个区域都有其主要功能。
一些运动技巧，如写字、唱歌、
跳踢踏舞或是打乒乓球，都依赖
运动皮层的作用。

### 头疼是怎么引起的？

痛感神经围绕着头部血管。在应激
时，流向头部的血流发生变化，引
起这些血管收缩或扩张，进而压迫
痛感神经并引起疼痛。你可能会感
觉疼痛来自大脑的内部，但那里其
实根本没有痛感神经！

# 交流中心

当人在思考或是行动的时候，大脑中并非仅有一个区域是活跃的。事实上，遍布多个大脑区域的神经细胞网络都变得活跃起来。正是这些活动模式支配着人的思想和身体。

胼胝体

大脑

## 大脑半球

人的大脑可分为两个半球。从结构上来讲，这两个大脑半球几乎是完全一样的，但是它们却分别负责不同的功能。左脑半球控制着身体的右侧，并且（在绝大多数人中）负责语言及演讲能力。右脑半球控制着身体的左侧，并且负责对周围事物产生意识、感觉信息以及创造性想法。大脑的两个半球协同工作，并通过一种称为胼胝体的神经高速公路相互沟通。

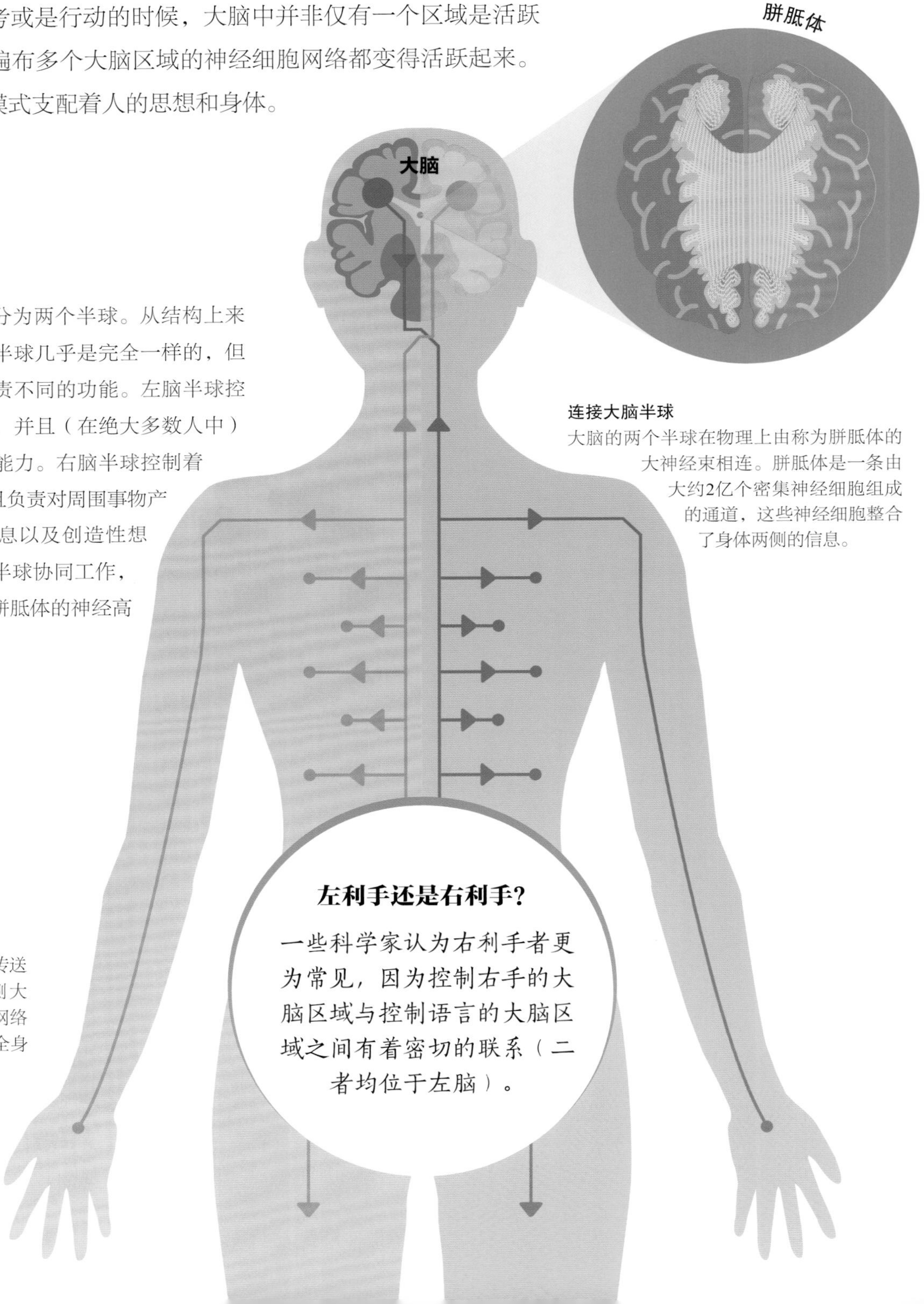

**连接大脑半球**

大脑的两个半球在物理上由称为胼胝体的大神经束相连。胼胝体是一条由大约2亿个密集神经细胞组成的通道，这些神经细胞整合了身体两侧的信息。

**控制对侧**

身体的一侧将信息传送至并且受控于对侧大脑。信息通过神经网络进行传递，并到达全身各处。

### 左利手还是右利手？

一些科学家认为右利手者更为常见，因为控制右手的大脑区域与控制语言的大脑区域之间有着密切的联系（二者均位于左脑）。

大脑中有860亿个神经细胞，这些细胞由100兆个连接组成，比银河系中星星的数目还要多。

## 大脑的网络

不论是做一个最简单的动作如走路，还是做一个复杂的动作如跳舞，所使用的大脑区域几乎都不止一个。事实上，每一天，整个大脑连接区域的网络都处于活化状态。通过观察同时活化的区域，研究人员可以记录大脑周围的信息流。在人的一生中，当学习新技能和新知识时，这些网络可以发生改变，并导致新的神经通路形成。随着年龄增长，那些没有使用过的神经通路可能就被去除了。

连接大脑区域的神经通路

下国际象棋的时候，活跃的大脑中的一个细胞

**工作时的多个大脑区域**
在下国际象棋的时候，人们可能使用了多个大脑区域。比如不仅使用了视觉处理的区域，还使用了记忆及计划的区域，以对之前下过的棋局进行回忆并制订一个走步策略。

这个神经细胞与其他四个神经细胞相连，在大脑中形成网络

**物理连接**
科学家可对大脑中神经细胞的物理连接进行追踪。神经通路的密度可提示大脑哪个区域的交流更频繁。

活跃的神经可在一些颅脑扫描检查中显示为亮化的区域

**活跃的大脑区域**
神经细胞产生的电活动可以在某些类型的脑扫描中被发现。这些扫描可揭示脑的哪个区域在某个特定任务中最活跃。

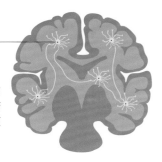
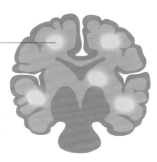

## 默认模式

当处于放松状态、不再关注周围的世界时，大脑表现为一种特定的活化状态，这种状态就称为默认模式。有人认为，这个网络有助于人在走神时产生想法，并可能与创造力、自我反思和道德推理相关。

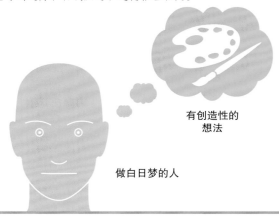

有创造性的想法

做白日梦的人

# 点燃生命

神经以毫秒级的速度在身体周围传递电信息。每根神经就像一根绝缘电线，每根"电线"都被称为神经纤维或轴突。每个轴突都是一个称为神经元的非常长的细胞的主要部分，其作用是传递信号。

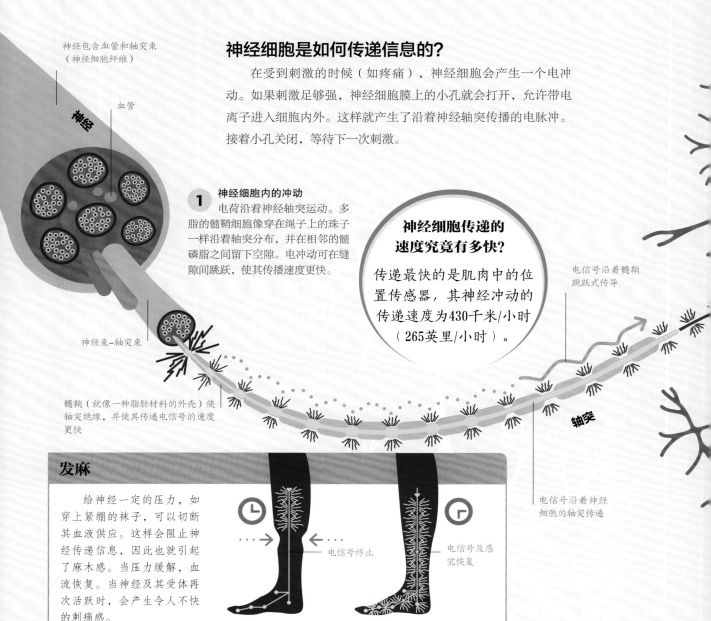

神经包含血管和轴突束
（神经细胞纤维）

血管

神经

## 神经细胞是如何传递信息的？

在受到刺激的时候（如疼痛），神经细胞会产生一个电冲动。如果刺激足够强，神经细胞膜上的小孔就会打开，允许带电离子进入细胞内外。这样就产生了沿着神经轴突传播的电脉冲。接着小孔关闭，等待下一次刺激。

**1 神经细胞内的冲动**
电荷沿着神经轴突运动。多脂的髓鞘细胞像穿在绳子上的珠子一样沿着轴突分布，并在相邻的髓磷脂之间留下空隙。电冲动可在缝隙间跳跃，使其传播速度更快。

### 神经细胞传递的速度究竟有多快？
传递最快的是肌肉中的位置传感器，其神经冲动的传递速度为430千米/小时（265英里/小时）。

电信号沿着髓鞘跳跃式传导

神经束-轴突束

髓鞘（就像一种脂材料的外壳）使轴突绝缘，并使其传递电信号的速度更快

轴突

电信号沿着神经细胞的轴突传递

## 发麻

给神经一定的压力，如穿上紧绷的袜子，可以切断其血液供应。这样会阻止神经传递信息，因此也就引起了麻木感。当压力缓解，血流恢复。当神经及其受体再次活跃时，会产生令人不快的刺痛感。

电信号终止

电信号及感觉恢复

压力切断血流

受体再度活跃

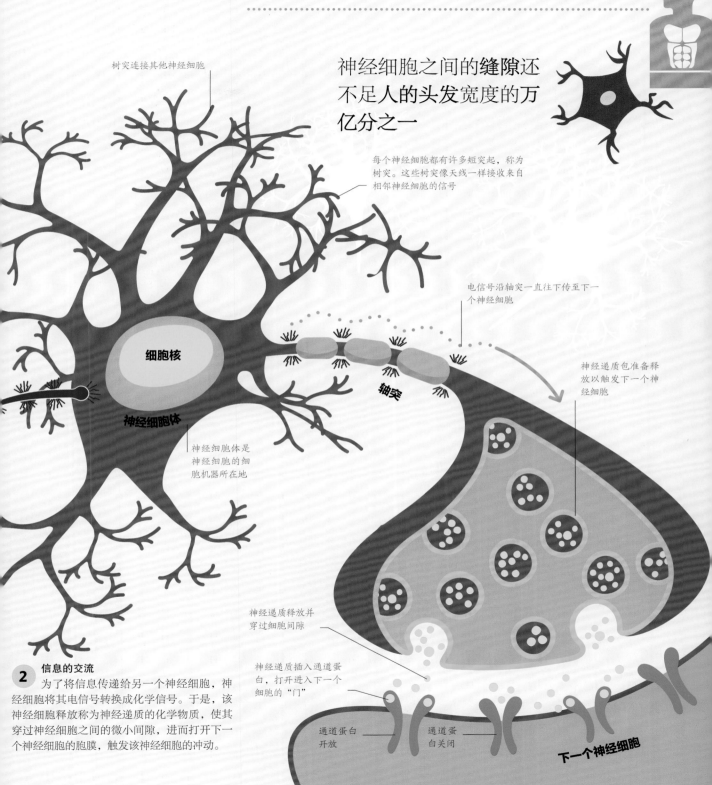

树突连接其他神经细胞

神经细胞之间的**缝隙**还不足人的头发宽度的万亿分之一

每个神经细胞都有许多短突起，称为树突。这些树突像天线一样接收来自相邻神经细胞的信号

电信号沿轴突一直往下传至下一个神经细胞

**细胞核**

神经递质包准备释放以触发下一个神经细胞

**轴突**

**神经细胞体**

神经细胞体是神经细胞的细胞机器所在地

神经递质释放并穿过细胞间隙

神经递质插入通道蛋白，打开进入下一个细胞的"门"

**2 信息的交流**
为了将信息传递给另一个神经细胞，神经细胞将其电信号转换成化学信号。于是，该神经细胞释放称为神经递质的化学物质，使其穿过神经细胞之间的微小间隙，进而打开下一个神经细胞的胞膜，触发该神经细胞的冲动。

通道蛋白开放

通道蛋白关闭

**下一个神经细胞**

## 放松

**大脑**

**丘脑**

**脊髓**

**瞳孔收缩**
正常瞳孔反应控制着进入眼睛的光线。瞳孔在明亮的光线下会缩小，而在黑暗的环境中则放大或变宽。

**小气道收缩**
当身体在放松状态时，肺内的气道恢复正常的大小，以规律地摄入氧气。

**动脉收缩**
当人放松时，动脉恢复到正常大小。此时，血流均匀地分布于全身。

**心率下降**
心率恢复到放松时的正常静息心率。每个人的静息心率根据他们的健康状况不同而有所不同。

**肝脏储存葡萄糖**
当人放松的时候，肝脏会节省能量。摄入的任何多余的糖都被"包装起来"，或者转化为脂肪，然后作为额外的组织储存起来。

## 运动

**瞳孔扩大**
在黑暗环境中，瞳孔的扩张或放大是为了改善视力。但是当交感神经系统对全身的控制占主导地位时，瞳孔也会放大。然而，专家们并不知道这是为什么。

**小气道扩张**
肺中的微小气道细支气管变宽以允许更多的气体进入。如果需要快速逃生，会吸收更多的氧气，从而为肌肉提供燃料。

**动脉扩张**
肌肉和大脑的动脉扩张，为这些器官提供更多的氧气，因此人可以行动得更快，思考变得更加灵敏。同时，流向皮肤的血液减少，使人看起来脸色苍白。

**心率上升**
心率可上升到每分钟100次或更多，这样就导致更多的血液被输送到肺部，吸收氧气，以供全身各处使用。

**肝脏释放葡萄糖**
肝脏充当着身体的引擎。它可以将身体里的葡萄糖转化为能量，而肌肉需要有能量才能运动。

人体是如何运动的？
运动还是放松？
68 / 69

### 启动消化

在没有压力的情况下，胃就会开始消化。这就是为什么可以在安静的房间里听到肚子"咕噜咕噜"响。

# 运动还是放松？

身体自动的、无意识的功能是由中枢神经系统的"原始"部分，即脊髓和脑干来管理的。它们使用两种不同的神经网络来控制身体的各部位，而使用哪种神经网络则取决于我们是否需要运动。

## 使神经平静下来

我们的双神经系统包括交感神经系统和副交感神经系统，它们一起构成所谓的自主神经系统。副交感神经系统倾向于减缓身体的运动并启动消化。通常情况下，人不会注意到它们的影响。

### 膀胱收缩

人可以控制膀胱的肌肉。当人完全放松时，这些肌肉会让膀胱关闭。

### 小肠加速运动

营养素在小肠处被吸收，排便时将未消化的废物向前推进。在人平静和放松的时候进行该过程效果最好。

---

### 消化速度减慢

胃会收到停止消化的指示。在遇到真实的威胁的时候，人可能会将食物吐出来，以停止消化。如果人正在奔跑，胃里还同时进行着消化的话，奔跑速度就会减慢。

### 小肠运动减慢

流向肠道的血液减少，因为在有压力的时候，肠道对此刻你的人来说并不是一个重要的器官，而且肠道的运动会减慢或完全停止。

### 膀胱松弛

当人紧张的时候，令膀胱保持关闭的肌肉会松弛，导致人频繁地去上厕所。

 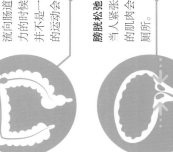 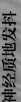

## 准备运动

交感神经系统负责"点燃"和刺激身体，为运动做好准备。然而一旦它达到了目的，使身体回归到放松的状态，来抵消交感神经的效应，副交感神经系统就会激活。

### 神经质地发抖

在舞台会表演或大型采访之前，人可能会神经质地发抖，这是因为当人在尤为重要的时刻做准备时，流向胃部的血液减少。当血液减少时，部分的神经网络、胃肠道紧张、颤抖，甚至恶心的神经会传递紧张的感觉。

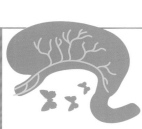

# 撞伤、扭伤和撕裂伤

人体的软组织，如神经、肌肉、肌腱和韧带，很容易受到损伤而导致挫伤、肿胀、炎症和疼痛。一些损伤是由运动造成的，而另一些损伤则是由于过度使用这些组织或意外造成的。随着年龄增长和体质下降，人们更容易发生损伤。

## 神经问题

神经可以伸得很长，通常可以穿过骨头之间的狭窄空间。一方面，这些狭窄的空间可引导及保护神经，但另一方面又可以捕获神经信号并导致疼痛、麻木或刺痛感。当重复运动导致组织肿胀、长时间保持奇怪的姿势（例如在睡眠时一直保持肘弯曲）或相邻组织不在一条直线上（椎间盘膨出），则可能产生夹痛感。

**为什么敲击"麻筋儿"的时候会感觉到"麻"？**

叩击肘部时，会压迫沿肘外侧下行的尺神经，使其与骨对抗，从而引起触电感。

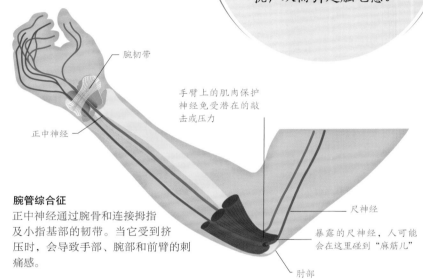

腕韧带

手臂上的肌肉保护神经免受潜在的敲击或压力

正中神经

**腕管综合征**
正中神经通过腕骨和连接拇指及小指基部的韧带。当它受到挤压时，会导致手部、腕部和前臂的刺痛感。

尺神经

暴露的尺神经，人可能会在这里碰到"麻筋儿"

肘部

## 颈部过度屈伸损伤

颈部过度屈伸损伤发生于颈部突然向后再向前移动或突然向前再向后移动的情况，常见于坐在行驶的小车中被后面的车辆撞击的情形。

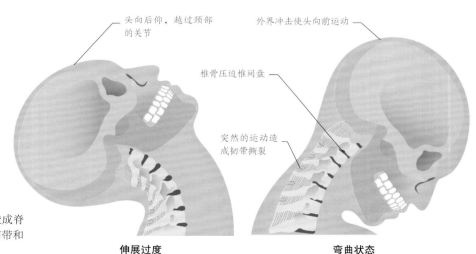

头向后仰，越过颈部的关节

外界冲击使头向前运动

椎骨压迫椎间盘

突然的运动造成韧带撕裂

**压碎的椎间盘和撕裂的韧带**
突然的颈部过度屈伸使脖子震动，造成脊柱骨头的损伤，压迫椎间盘，撕裂韧带和肌肉，以及伸长颈部的神经。

伸展过度

弯曲状态

## 背疼

背部下方的脊柱承受了身体的大部分重量，因此很容易受伤。背疼的最常见部位也就是此处。许多情况下背疼是由于在举重物时未施以保护措施造成的。过度的拉力可导致肌肉的撕裂和痉挛、韧带的伸长，甚至椎骨之间某个小的滑车关节发生错位（参见第40页）。过大的压力可能会导致柔软的、胶质状的椎间盘中心从其纤维包膜中漏出来并压迫神经。相应的治疗包括服用止疼药、理疗及尽可能多地活动。

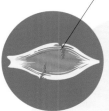

由于缺乏血液供应，背部肌肉撕裂后很难愈合

**肌肉劳损**
当体质较差时，肌肉比较容易受损。在这种情况下，举起重物、搬东西、奇怪的弯曲姿势甚至保持同一个坐姿较长时间都有可能导致肌肉劳损。

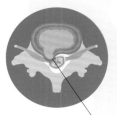

**椎间盘突出**
受损的椎间盘压迫神经根，造成针刺痛、痉挛和背痛。坐骨神经刺激可引起腿部疼痛。

腰椎间盘突出

**骨刺**
当脊椎老化并开始磨损时，出现轻微的炎症或骨头的愈合过程中会产生类似刺状物的生长，压迫神经根，引起疼痛。

骨生长

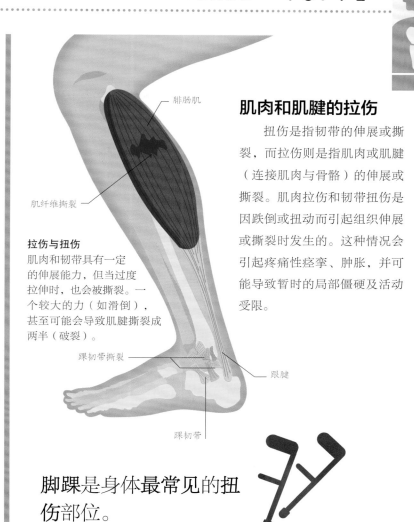

腓肠肌

肌纤维撕裂

**拉伤与扭伤**
肌肉和韧带具有一定的伸展能力，但当过度拉伸时，也会被撕裂。一个较大的力（如滑倒），甚至可能会导致肌腱撕裂成两半（破裂）。

踝韧带撕裂

跟腱

踝韧带

## 肌肉和肌腱的拉伤

扭伤是指韧带的伸展或撕裂，而拉伤则是指肌肉或肌腱（连接肌肉与骨骼）的伸展或撕裂。肌肉拉伤和韧带扭伤是因跌倒或扭动而引起组织伸展或撕裂时发生的。这种情况会引起疼痛性痉挛、肿胀，并可能导致暂时的局部僵硬及活动受限。

## 脚踝是身体最常见的扭伤部位。

### "PRICE"技巧

"PRICE"技巧是治疗拉伤或扭伤的有效方法，其步骤包括：protection（保护），即使用支撑、拐杖或吊索减轻压力；rest（休息），即不再让受损伤的区域运动；ice（冰），也就是用冰袋来减轻肿胀和出血；compression（压迫），采用弹性绷带减轻肿胀；elevation（抬高），将受伤部位抬高以减轻肿胀。

# 感觉的
# 类　型

微风

表皮

真皮（皮肤深层）

表皮，也就是皮肤浅层

毛干

神经细胞网缠绕发根

神经细胞放电

**头发的运动**

我们对于没有接触到皮肤的东西也有感觉。气流或毛发轻触物体，均可触动包绕在发根周围的神经。

温度改变

表皮顶部的死细胞层

自由神经末梢延伸到皮肤表层

**温度和疼痛**

神经的周围没有任何特殊结构对冷、热或疼痛敏感。它们是最浅的感受器，直接延伸到皮肤表层。

羽毛轻触

非常轻的触觉感受器停留在表皮的底部

**非常轻的接触**

位置稍微低于自由神经末梢的是默克尔细胞，它们对微弱的触觉非常敏感。默克尔细胞在指尖上的数目尤其多。

# 感受压力

触觉实际上是由皮肤中几种不同感受器的信号组成的。一些感受器集中在特定的区域，如敏感的指尖。

## 皮肤的感觉是如何形成的？

在我们的皮肤中，充满了不同深度的微小传感器或感受器，它们可以对不同类型的接触产生应答，包括轻微接触、短暂接触和持续的压力等。从效果上来讲，每个感受器都代表一种轻微不同的感觉。当感受器受到干扰或扭曲时，通过触发神经冲动来对刺激产生应答。

### 我们如何感觉到内脏的不适？

几乎所有的触觉都存在于皮肤和关节。但是，当肠道不适时，我们也可以感受得到。这是因为在我们的小肠周围有一些牵张感受器和化学传感器。

**轻柔的触摸**

**有力的按摩**

**震动**

轻触感受器位于真皮的顶部

压力感受器和牵张感受器

深压力和震动感受器

**轻柔的触觉**

轻触感受器是读盲文的好工具，因为它们排列密集，电冲动消失的速度很快。这样就可以快速、准确地更新信息。

**压力和牵张**

如果皮肤因压力而拉伸或变形，则可触发压力感受器的冲动。几秒之后，这些感受器停止释放冲动，因此，它们的信息传导得很快，不会形成持续的压力。

**震动和压力**

人体最深的触觉感受器位于关节和皮肤上。这些感受器不会停止释放冲动，因此会对持续的压力和震动做出反应。

## 从手掌到指尖

我们的手掌和指尖都非常的敏感，而指尖上所含有的神经末梢比皮肤上任何其他地方都多。成千上万个轻触感受器充满了指尖，这些感受器触发神经冲动的类型可告诉我们所接触的物体表面是何种质地。

每平方厘米（每平方英尺）所含有的神经末梢的数目

300
(2,000)

120
(800)

50
(300)

人的每个指尖都能分辨出相当于**头发宽度1/10000**的质地差异

# 感觉是如何形成的？

微小感受器沿着感觉神经将触摸信息从我们的皮肤、舌头、喉咙、关节和身体其他部位传送至大脑。这些神经冲动最终都会到达大脑的感觉皮层，并在这里被组织和分析。

## 大脑的感觉是怎么形成的？

由于大脑中含有我们整个身体的"地图"，因此，当接触到物体时，我们可以辨别这种接触发生在身体的哪个部位。这张"地图"以扭曲的方式位于大脑感觉皮层的一条带上。因为身体有一部分区域更加敏感，含有更密集的神经末梢，这一部分在大脑中占有的区域相比其他部分就要大得多。大脑皮层需要更多的空间来准确记录这些详细的感觉数据。大脑将这些信息整合起来，以分辨物体的软硬度、表面粗糙或光滑、热或冷、坚硬或有弹性、潮湿或干燥，以及其他更多信息。

**身体的感觉在大脑中的分布**
这个小矮人的身体是按其在感觉皮层中所占空间大小的相应比例绘制的。小矮人身上的各种颜色所占的空间大小对应了其在感觉皮层中占有空间的大小。

**触觉敏感的大脑**
从侧面看，接收触觉信息的大脑表面是一条窄带。这条窄带继续向内延伸至两侧大脑之间的"峡谷"深处。

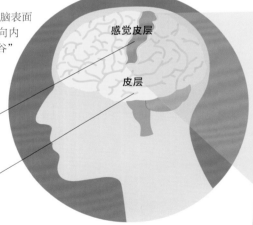

感觉皮层

皮层

这条粉红色的带是感觉皮层，也就是接收触觉信息的皮层部分

黄色区域表示皮层，是大脑的外层。大脑就是构成人脑大部分的巨大、折叠的结构

**敏感部位**
身体各部位在皮层中所占有的空间并不成比例，各部位（包括嘴唇、手掌、舌头、拇指和指尖）将最详细的触觉信息传递至皮层。

**左脑半球**接收来自身体右侧的触觉信息

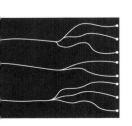

# 500万
皮肤中所含感觉
神经末梢的总数

## 我们如何感知到温度？

特定的皮肤神经末梢会对热或冷敏感。当温度在5~45℃（41-113℉）之间时，两种神经末梢以不同的频率持续产生冲动，使大脑对冷热程度有一个了解。但当温度超过上述范围时，则由别的神经末梢来感知。在这种情况下，它们传递的就不是热或冷，而是疼痛了。

## 我们为什么不能挠痒自己？

当我们挠自己的时候，大脑会复制手指的预期运动方式，并将它发送到身体中将要被挠的那个部位，对其产生预警并抑制挠痒应答。与其他人来挠我们不同，自己挠自己的时候，我们的大脑可以准确预测自己的手指将要发生的运动并将其过滤掉。这是大脑可过滤掉不必要的感觉数据的重要能力的一种体现。

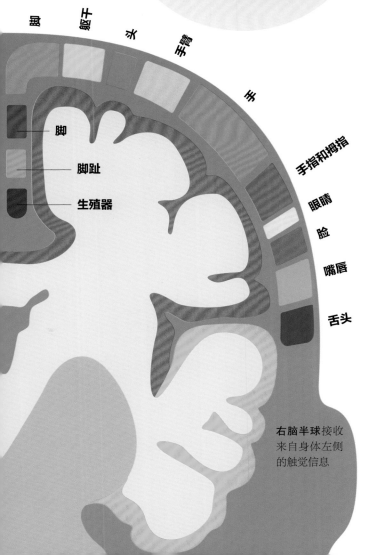

脚
躯干
头
手臂
手

脚
脚趾
生殖器

手指和拇指
眼睛
脸
嘴唇
舌头

**右脑半球**接收来自身体左侧的触觉信息

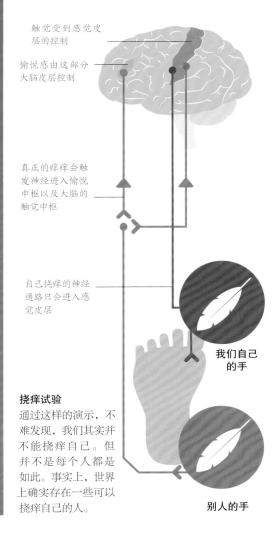

触觉受到感觉皮层的控制

愉悦感由这部分大脑皮层控制

真正的痒痒会触发神经进入愉悦中枢以及大脑的触觉中枢

自己挠痒的神经通路只会进入感觉皮层

我们自己的手

**挠痒试验**
通过这样的演示，不难发现，我们其实并不能挠痒自己。但并不是每个人都是如此。事实上，世界上确实存在一些可以挠痒自己的人。

别人的手

# 疼痛通路

虽然疼痛是很不愉快的一种感觉，但事实上对人是非常有益的。在身体受到伤害的时候，疼痛感会及时让我们知道，并根据不同程度的疼痛感采取相应的应答措施。

## 感受疼痛

疼痛信号从受损部位的感受器沿着神经传至脊髓，再到大脑，由大脑告诉我们，此刻正处于疼痛之中。人工或天然的化学止疼物可通过阻断这条信息流而起作用。

### 牵涉痛

在到达大脑前，内脏的神经通路和皮肤以及肌肉的神经通路是并行的。这可能会导致我们的大脑将发生在内脏器官的疼痛误认为是来自于该内脏器官相邻近的肌肉或皮肤的疼痛（肌肉或皮肤的疼痛较之内脏疼痛更为常见）。

心脏的疼痛信号

感受到上肢和左侧胸腔的疼痛感

慢C纤维

髓鞘

快A纤维

**神经束**

**神经阻滞**
局部麻醉剂阻滞电神经冲动沿A纤维和C纤维传导，因此这些神经冲动无法到达脊髓。

**3** **快还是慢？**
A纤维轴突为有髓鞘的神经纤维，可使电信号的传导远远快于C纤维。皮肤中致密的A纤维感受器可导致局部的针刺样疼痛，而C纤维则引起钝性的灼样疼痛。

钝痛，广泛疼痛　　锐痛，局部疼痛

# 疼痛信号在A纤维上的传导速度比其在C纤维上的传导速度快15倍

**2** **受到刺激的神经细胞**
皮肤中的神经末梢开始对前列腺素产生应答，传递疼痛的电信号由神经细胞的轴突带入神经束。

神经细胞

轴突

**受伤部位的阻滞**
阿司匹林可阻止损伤部位生成前列腺素，以阻止（痛觉）神经被激活。

**1** **前列腺素**
当人受到伤害时，皮肤的细胞也会受到损伤。受损的细胞可释放一种称为前列腺素的化学物质，引起周围神经细胞的激活。

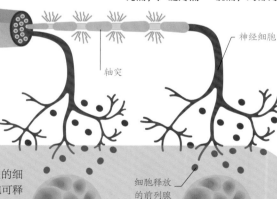

细胞释放的前列腺素分子

受损的细胞

**皮肤**

物理损伤直接刺激疼痛感受器，使我们首先感受到疼痛感

瘀伤

切口

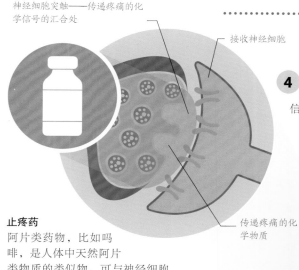

神经细胞突触——传递疼痛的化学信号的汇合处

接收神经细胞

高级大脑皮层将化学信息记录为疼痛

大脑

**4 传递中的信息**
正如所有的神经信号一样，电信号也被转换成化学信息，并通过一个个神经细胞的传递到达大脑。脑干可以释放天然阿片类止疼剂，抑制一些化学信号穿过细胞间隙，以减轻疼痛的感觉。

丘脑将疼痛信号分布到皮层的各个区域

传递疼痛的化学物质

上行至脑的神经

**止疼药**
阿片类药物，比如吗啡，是人体中天然阿片类物质的类似物，可与神经细胞结合，以减少甚至阻断疼痛的化学信号。这些药物可以完全消除疼痛感，在医疗急救中扮演着十分重要的作用。

脊髓中的神经

**5 到达大脑**
信号到达大脑的意识部分，也就是大脑皮层。感知疼痛需要涉及情感和注意力的皮层区域的活动。也正是由于此，人们才能感受到疼痛，即使在没有原因的情况下。

脊髓的背角

**脊髓的背角**
是脊髓神经的四大支柱之一，负责处理触觉及包括疼痛在内的相关信息。

脊髓

与脊髓相连的神经

# 我们为什么感觉到痒？

　　当皮肤的表面受到外界或是由于某种疾病导致的炎症所释放化学物质的刺激时，就会感觉到痒。这可能是保护我们免受昆虫叮咬伤害的一种进化结果。痒感受器与触觉感受器或痛觉感受器相互独立。当痒感受器被激活时，就会将神经信号通过脊髓传至大脑，并由大脑启动对痒感的抓挠应答。挠痒可同时刺激触觉和痛觉感受器，阻断痒感受器的信号传递，同时把注意力从抓痒的冲动中分散出来。

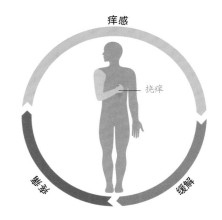

痒感

挠痒

发痒

缓解

**痒感循环**
挠痒可以进一步刺激皮肤，使痒感信号持续更久。搔痒也会导致大脑释放5-羟色胺来减轻疼痛，提供暂时的缓解。虽然这种痒的感觉消失了，但是想要抓痒的欲望却更强了。

# 眼睛是如何工作的

　　视觉的能力是惊人的。我们可以看见事物的具体细节和颜色，看近物和远物都比较清晰，并且可以辨别物体的速度和距离。视觉过程的第一阶段是图像捕捉，即在眼睛的光感受器上形成清晰的图像。然后图像被转换成神经信号（参见第82~83页），以便被大脑处理（参见第84~85页）。

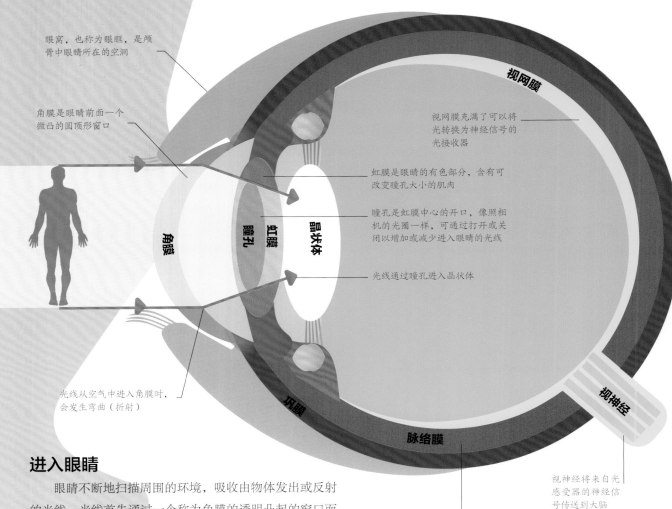

眼窝，也称为眼眶，是颅骨中眼睛所在的空洞

角膜是眼睛前面一个微凸的圆顶形窗口

视网膜

视网膜充满了可以将光转换为神经信号的光接收器

虹膜是眼睛的有色部分，含有可改变瞳孔大小的肌肉

瞳孔是虹膜中心的开口，像照相机的光圈一样，可通过打开或关闭以增加或减少进入眼睛的光线

光线通过瞳孔进入晶状体

角膜

瞳孔

虹膜

晶状体

光线从空气中进入角膜时，会发生弯曲（折射）

巩膜

视神经

脉络膜

## 进入眼睛

　　眼睛不断地扫描周围的环境，吸收由物体发出或反射的光线。光线首先通过一个称为角膜的透明凸起的窗口而进入眼睛。在角膜处，光线弯曲，通过可控制光强度的瞳孔后，由可调节的晶状体准确聚焦于视网膜，而视网膜上有数百万个光感细胞将这些信息形成一幅图像，被传送至大脑。

脉络膜含有为视网膜和巩膜供血的血管

视神经将来自光感受器的神经信号传送到大脑

**1　光线弯曲**
　　角膜呈圆顶形，由角膜折射的光线通过瞳孔进入眼睛后会在眼睛内部向内指向一个焦点。

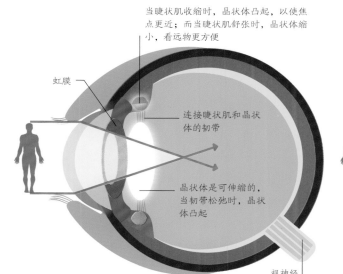

当睫状肌收缩时，晶状体凸起，以使焦点更近；而当睫状肌舒张时，晶状体缩小，看远物更方便

虹膜

连接睫状肌和晶状体的韧带

晶状体是可伸缩的，当韧带松弛时，晶状体凸起

视神经

**2** **自动聚焦**
当我们看近物和远物时，不用通过思考就可以自动调节眼睛的焦距。当我们看近物时，拉动晶状体的肌肉收缩，韧带松弛，晶状体凸起以增加其聚焦的能力。

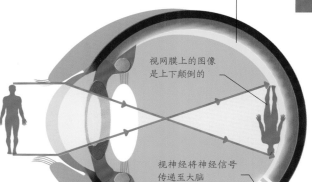

视网膜中的光感受器将图像转换为神经信号

视网膜上的图像是上下颠倒的

视神经将神经信号传递至大脑

**3** **视网膜上的图像**
当光线到达视网膜时，超过1亿个光感受器被激发，就像数码相机传感器上的像素一样。图像中的光强和颜色类型被保存为视神经中的电信号，并被传至大脑。

---

## 强光

虹膜是眼睛的有色部分，其中心开口称作瞳孔。虹膜中含有可收缩或舒张的肌肉，以改变瞳孔的大小，由此来控制进入眼睛的光线量。

虹膜——一个有色的肌肉环

瞳孔增大（扩大）以使更多的光线进入眼睛

**弱光**

瞳孔缩小以使进入眼睛的光线变少

**强光**

眨眼时上眼睑下移

眨眼或闭上眼睛时，下眼睑不动

**眼睛关闭**
我们的眼睛非常敏捷。当异物快要进入我们的眼睛时，眼睑通过反射作用关闭（以阻止异物进入眼睛）。

## 第一道防线

睫毛和眼睑有助于保护眼睛。睫毛可防止灰尘和其他小颗粒进入眼睛，而眼睑既可防止更大的异物及空气中刺激性物质进入眼睛，又可在眼睛表面将眼泪扩散，防止泪液外溢。

**润滑**
眼泪是由上眼睑下的泪腺产生的，可湿润并润滑眼睛，洗掉眼睛表面的小颗粒物。眼泪的生成是持续不断的，但是我们只在哭泣或是流泪的时候才会感觉得到。

泪腺产生泪液，而泪液通过泪道慢慢进入眼睛

当泪腺产生的泪液过多而无法通过鼻子流出时，就形成了泪滴

使泪液进入鼻子的通道

# 图像的形成

眼睛中的视网膜产生的图像虽然只有一个缩略图的大小，但其清晰和详细的程度却令人难以置信。我们依靠视网膜上的细胞将光线转化成图像。

## 我们是如何看见的？

图像是在眼睛后部的一层视网膜上形成的。视网膜内的细胞对光敏感。当光线撞击这些细胞时，就触发了神经信号；神经信号再传至大脑，形成图像。视网膜包含两种类型的光感受器细胞，圆锥细胞感受光线的颜色（波长），而杆状细胞不感受颜色。

### 什么是光点？

眼睛内部充满凝胶状液体，可以散开，从而阻挡光线的进入，并在视网膜上形成阴影。这些阴影便表现为视觉上的光点或闪烁的形状。

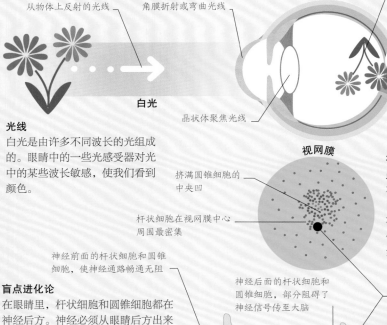

从物体上反射的光线

角膜折射或弯曲光线

倒转的图像

白光

晶状体聚焦光线

视网膜

**光线**
白光是由许多不同波长的光组成的。眼睛中的一些光感受器对光中的某些波长敏感，使我们看到颜色。

挤满圆锥细胞的中央凹

杆状细胞在视网膜中心周围最密集

**杆状细胞和圆锥细胞**
虽然杆状细胞在视网膜中心周围最密集，但在中央区（中央凹）并没有杆状细胞。中央凹中挤满了圆锥细胞，在这一小块区域里没有血管，因此可以产生清晰的、详细的图像。而在中央凹的最中心处则只含有红色和绿色圆锥细胞。

神经前面的杆状细胞和圆锥细胞，使神经通路畅通无阻

神经后面的杆状细胞和圆锥细胞，部分阻碍了神经信号传至大脑

视神经到达眼睛后方的盲点

**盲点进化论**
在眼睛里，杆状细胞和圆锥细胞都在神经后方。神经必须从眼睛后方出来并到达大脑，但由于神经是从单一的点发出的，因此会造成一个既没有杆状细胞也没有圆锥细胞的盲点。大脑通过对空白区域中的内容进行猜测以填补我们的盲点，使我们看到完整的图像。另外，在墨鱼的眼睛中，神经位于杆状细胞和圆锥细胞的后方，因此视物时就没有盲点。

墨鱼的眼睛　　人的眼睛

📖 **20~100**毫秒
快速阅读时眼睛运动一次的时间

圆锥细胞传送绿色、红色
或蓝色光线的神经信号

连接神经细胞

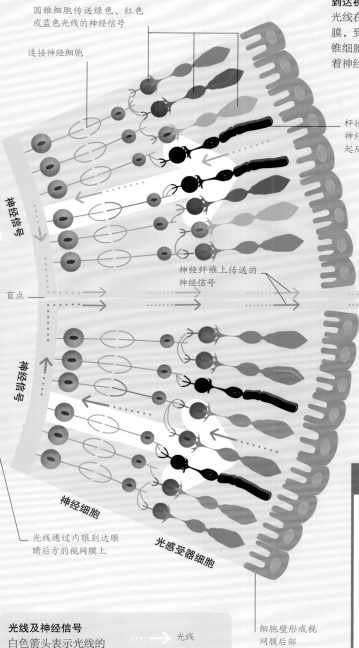

神经信号

盲点

神经信号

神经细胞

光线通过内眼到达眼
睛后方的视网膜上

光感受器细胞

杆状细胞传送所有颜色的
神经信号，同时也对弱光
起反应

神经纤维上传送的
神经信号

细胞壁形成视网
膜后部

## 到达视网膜

光线在晶状体聚焦后可通过内眼到达所在的视网
膜，到达视网膜中的光感受器——杆状细胞和圆
锥细胞上，并触发神经信号，这些神经信号便沿
着神经纤维传至大脑。

在弱光下，花朵可能看起来
像是黑白色的

### 灰度视觉

杆状细胞对光线非常敏感，
因此，即便在昏暗的环境下
也可以看见光线，但是杆状
细胞并不能区分不同的颜
色。在弱光环境下，圆锥细
胞不被激活，因此，在这种
光线下所看到的物体的颜色
可能是"灰色"的。

灰色阴影

圆锥细胞可帮助我们看到花
朵的全部色彩

### 色彩视觉

圆锥细胞可为我们提供色彩
视觉，但只有在强光下才起
作用。眼睛里共有三种类型
的圆锥细胞，分别对红色、
蓝色或绿色敏感。将这三种
颜色组合起来，就形成了我
们可以看见的数百万种不同
的颜色。

全部色彩

## 后像

当你一直盯着一个图像看时，杆状细胞和圆
锥细胞就会产生疲劳，因此，其触发的神经信号
就会减少。当你的目光从这个图像移开时，那些
杆状细胞和圆锥细胞处于疲劳状态，而那些对光
线的不同波长敏感的细胞仍然处于活跃状
态，因此迅速触发神经信号。这样就
在视网膜上形成了一个对
比色的后像。如果不
信，试试先盯着图中
这只鸟看30秒，再将
目光移到鸟笼上！

## 光线及神经信号

白色箭头表示光线的
方向。绿色和蓝色箭
头指通过眼睛传送的
神经信号。

- ····→ 光线
- ····→ 颜色
- ────→ 黑色和白色

# 大脑中的图像

眼睛提供了关于世界的基本视觉数据，但是大脑仅从中提取有用的信息。大脑通过选择性地改变这些信息，从而产生对于这个世界的视觉认知——感知运动和深度，并会考虑光线的明暗。

## 双眼视觉

双眼的不同位置使得我们可以看到三维形象。它们都指向同一个方向，但稍微间隔开来，这样在观察同一个物体时会看到略微不同的图像。这些图像之间的差异程度取决于人所注视的物体与人之间的相对距离，因此我们可以利用图像之间的差异来判断物体与我们之间的距离。

**视觉通路**
眼睛上的信息被传至大脑后方，并在此处接受处理，以形成有意识的视觉。在传送过程中，这些信号在视交叉上汇合并发生交叉，其中一半被传送至大脑的对侧半球。

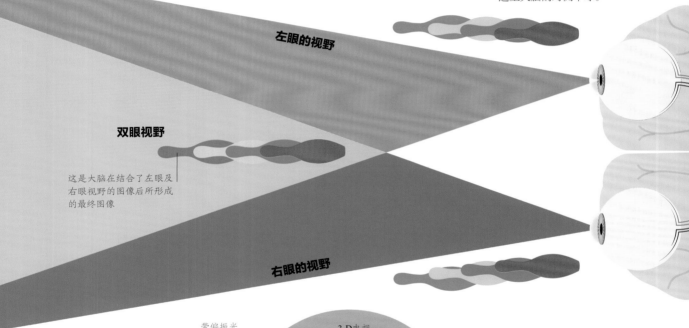

**左眼的视野**

**双眼视野**

这是大脑在结合了左眼及右眼视野的图像后所形成的最终图像

**右眼的视野**

**看到三维（立体）图像**
通过理解大脑如何进化到可以感知深度的机制，就可以将这个原理用来制作3-D电影和电视。电影制片人用一种上下摆动的偏振光拍摄图像，并通过左右摆动的光线从不同角度拍摄偏移图像。当两只眼睛看到这些略微不同的图像时，就会在大脑中形成一种我们"真的"看到3-D（三维）图像的假象。

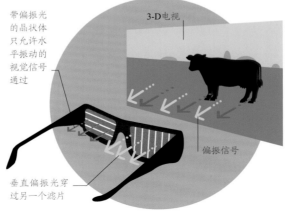

带偏振光的晶状体只允许水平振动的视觉信号通过

**3-D电视**

偏振信号

垂直偏振光穿过另一个滤片

**24**
每秒记录胶片的帧数

## 透视

经验告诉我们，两条直线似乎在远方汇合，比如铁轨。我们可据此来估计图像的深度，也就是说，通过与其他线索相结合，如纹理的变化及其与已知大小的物体之间的比较，我们可以估计出距离。右边这幅图像会令人产生一种错觉，因为我们将收敛线理解为距离，并将汽车的大小与车道的宽度进行比较。

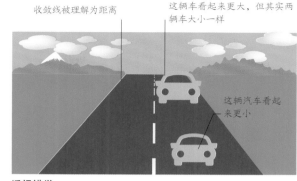

收敛线被理解为距离

这辆车看起来更大，但其实两辆车大小一样

这辆汽车看起来更小

透视错觉

左脑半球

左侧视束

视交叉

右侧视束

丘脑

丘脑

左侧视觉皮层

右侧视觉皮层

左侧视觉皮层接收来自两个视网膜左侧的信号

右侧视觉皮层接收来自两个视网膜右侧的信号

右侧视辐线：一组将丘脑的视觉信号传送至右侧视觉皮层的神经纤维

右脑半球

### 色觉恒常

我们已习惯在各种光线条件下看物体，而大脑也会考虑到这一点，并将阴影和光照的影响抵消掉。这就使得我们看到的香蕉总是黄的，不管它被照得多亮。但是有时候大脑又只会看见它们所"期待"看见的。

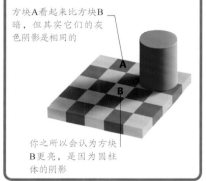

方块A看起来比方块B暗，但其实它们的灰色阴影是相同的

你之所以会认为方块B更亮，是因为圆柱体的阴影

## 移动的图像

令人惊讶的是，眼睛并不能提供流畅的移动视觉信息。它们向大脑发送一系列图片，就像电影或电视一样。大脑从图像中产生运动知觉，这就是为什么我们很容易将电影和电视中的一帧帧图片识别成连续运动的画面。然后，这个过程也可能会出错，因为一系列静止的图像有可能产生误导。

图像1　图像2

图像之间的真实运动

我们感知到的图像之间的运动

图像3　图像4

视动

当车轮在两幅图像之间的转动略略小于一圈时，我们在电视上看到的画面可能就是车轮在倒退，这是由于大脑错误地重建了一种缓慢向后的运动所致。

# 眼部疾病

人的眼睛是复杂、娇嫩的器官，随着年龄增长，容易受到损伤，或因自然退化所致的疾病困扰。在绝大多数人的一生中，眼睛都在其不同的生命阶段出现过问题，但幸运的是，多数眼部疾病都是可以治愈的。

## 你为什么需要眼镜？

当一个物体反射的光线在晶状体及角膜处弯曲并在视网膜上聚焦时（参见第80~81页），人们就可以看到准确、清晰的图像。但是当这个系统稍有偏移，眼睛所看到的图像就会变得模糊。眼镜可以矫正过多或过少的光线弯曲，使图像重新聚焦。目前近视的患病率似乎正在增加，这可能是由现代生活（尤其是在城市中）带来的影响，与远处的事物相比，我们需要更多地观看、关注那些近处的事物。

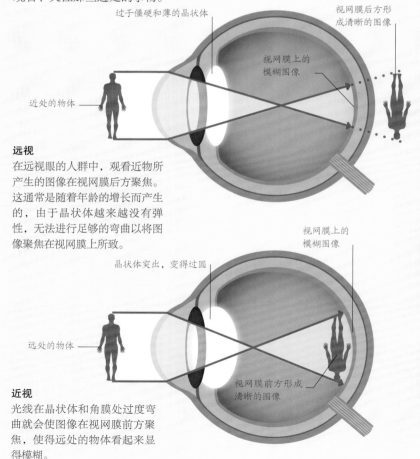

过于僵硬和薄的晶状体

近处的物体

视网膜后方形成清晰的图像

视网膜上的模糊图像

### 远视
在远视眼的人群中，观看近物所产生的图像在视网膜后方聚焦。这通常是随着年龄的增长而产生的，由于晶状体越来越没有弹性，无法进行足够的弯曲以将图像聚焦在视网膜上所致。

晶状体突出，变得过圆

远处的物体

视网膜上的模糊图像

视网膜前方形成清晰的图像

### 近视
光线在晶状体和角膜处过度弯曲就会使图像在视网膜前方聚焦，使得远处的物体看起来显得模糊。

在某些**城市**里，16~18岁的青少年中近视眼的患病率高达**90%**

## 散光

散光是由于角膜或晶状体变形引起的。最常见的散光类型是由角膜或晶状体的形状更像橄榄球而不是足球所致。在这种情况下，虽然图像可以水平地聚焦在视网膜上，但是在垂直方向，图像要么聚焦于视网膜前方，要么聚焦于视网膜后方（反之亦如是）。这时可以通过佩戴眼镜、隐形眼镜或是施行激光眼科手术来进行矫正。

### 你所看到的
眼睛散光的人所看到的垂直线或水平线都可能是模糊的，但是其他物体则可以准确聚焦。有时候，两条线（垂直线和水平线）都是扭曲的，一条是远视，另一条是近视。

健康的视线

没有焦点的情况

垂直聚焦

水平聚焦

# 白内障

　　白内障是一种可破坏视力的云雾状晶状体导致的疾病，是全世界一半失明病例的致病原因。白内障常见于老年人，但也可能是环境因素所致，如晶状体暴露于紫外线（UV）或受到损伤。可用手术治疗白内障，即将原来的晶状体摘除，换为人工晶状体。

无白内障

白内障

**健康的视线**
通常情况下，光线很轻松就可通过晶状体，并形成一幅清晰的图像。

**视线模糊**
在白内障的情况下，晶状体变成云雾状，开始褪色，由于光线比较分散，因此所形成的图像是朦胧的。

# 青光眼

　　正常情况下，眼睛里的多余液体无害地流入血液中。而当引流通道不畅导致液体在眼睛内积聚，就引起了青光眼。尽管遗传被认为是青光眼的致病机制之一，但究竟是什么原因导致青光眼，目前尚不十分明确。

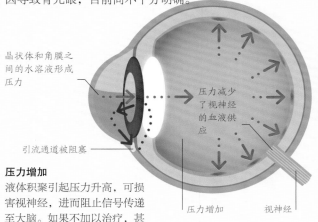

晶状体和角膜之间的水溶液形成压力

引流通道被阻塞

压力减少了视神经的血液供应

压力增加

视神经

**压力增加**
液体积聚引起压力升高，可损害视神经，进而阻止信号传递至大脑。如果不加以治疗，甚至会导致完全失明。

## 检查视力

　　验光师可通过视力测试来检查眼睛看近物和远物的能力、是否能协调工作以及眼部肌肉是否健康。他们还可检查眼睛的内部和外部，并通过这些信息来推测一些疾病，如糖尿病以及包括白内障和青光眼在内的视力问题等。通过视力测试还可发现的另一视觉问题是色盲。色盲是由于圆锥细胞缺失或存在缺陷导致的，与绝大多数正常人依靠3种圆锥细胞来视物不同，色盲患者所依靠的圆锥细胞类型不足三种。这就意味着他们会混淆一些颜色，其中最常见的是红色和绿色。

一些人会将右侧图案中的数字看成74，一些人会看成21，还有一些人则看不见数字。

# 耳朵是如何工作的

　　耳朵负责一项非常精细的工作，就是将空气中的声波转换为神经信号，并传至大脑。这项工作中的一系列步骤是为了保存尽可能多的信息。耳朵还可以放大微弱的声音信号，并且确定声音来自何处。

内耳的三个半规管是平衡器官，不参与听力的形成

半规管

## 将声音传入身体

　　当声波从空气传播到液体时，由于其必须进入身体，部分被折射，因此携带的能量减小，听起来更安静。耳朵可通过逐步降低进入体内声波的能量，从而阻止其反弹出去。当耳鼓振动时，可推动三个听小骨中的第一个，并使其依次向前移动，推动卵圆窗，在耳蜗的液体中形成声波。当声音通过听小骨时，会放大20～30倍。

锤骨是三个听小骨中的第一个

内耳

听小骨

振动从耳鼓传到锤骨

耳鼓振动

中耳

### 减小进入身体的声波

声波沿着耳道进入，引起耳鼓振动。振动传到三个听小骨。它们转动的方式使得它们可以通过杠杆来逐步放大振动的幅度。最后一个听小骨将声波推至内耳的入口——卵圆窗，振动从此处进入耳蜗中的液体。

卵圆窗是一个类似耳鼓的薄膜

耳廓（外耳）

耳道

外耳

砧骨将振动传送到第三个听小骨（镫骨）

镫骨通过一个薄膜窗口推动耳蜗中的液体

声波进入耳道

### 为什么自己的声音听起来不震耳欲聋？

当我们在说话时，耳朵的敏感性就会下降，这是因为小的肌肉会使听小骨保持稳定，以减小其振动。进入耳蜗的能量减少，因此不会对听力造成损害。

声波通过耳廓（或外耳）注入耳道，并为其提供关于声波是来自前方还是后方的线索

## 不同音调的声音

耳蜗内的基底膜与敏感的毛细胞相连。由于其硬度随着位置的变化而变化，基底膜的不同部位会在特定频率下达到最大振幅。因此，不同的声音会导致不同的毛细胞偏移，大脑则通过该细胞的位置来推断出声音的音调。

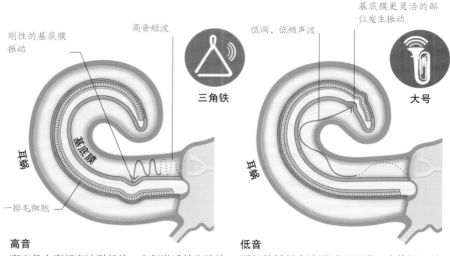

**高音**
高音是由高频声波引起的。它们激活基底膜的底端，此处的基底膜更窄、更硬，振动频率也更高。

**低音**
更长的低频声波通过耳蜗进一步传播，并使基底膜在其尖端附近振动，此处的基底膜更软、更宽。

## 声电转换

声音中的信息（包括音调、音色、节奏和强度）被转换成电信号发送到大脑进行分析。这些信息是如何编码的，目前尚未得知，但它们是通过毛细胞和听觉神经来完成的。

**触发神经**
当毛细胞的敏感毛发通过基底膜的振动而移动时，可释放神经递质，并在其基底部触发神经细胞。

耳蜗（COCHLEA）这个词来源于希腊语中的蜗牛（SNAIL），因为其形状是螺旋状的

# 大脑是如何形成听觉的

一旦来自耳朵的信号到达大脑，就需要进行复杂的处理来提取信息。我们的大脑能确定声音的类型、声源以及我们对其的感受。大脑能够将注意力集中在一种声音上，甚至能完全忽略掉不必要的噪声。

## 定位声音

我们通过三条主要的线索来定位声音的源头，即声音的频率模式、响度以及到达每只耳朵的时间差异。我们可以通过频率模式来判断声音是来自前方还是后方，因为我们耳朵的形状导致从身体前方传来的声音和从身体后方传来的声音的频率模式有所不同。不过，我们的耳朵不太能定位声源的高度。定位声源来自左右则比较容易——来自左侧的声音在左耳处较右耳处更大，尤其是高频的声音。左侧的声音也会在到达右耳的前几毫秒率先到达左耳。右侧图表显示了大脑如何利用这些信息。

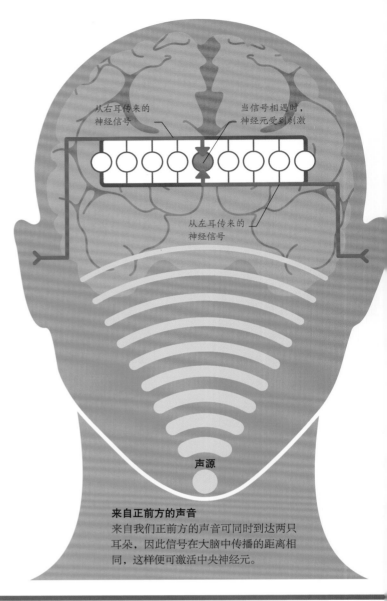

从右耳传来的神经信号

当信号相遇时，神经元受到刺激

从左耳传来的神经信号

声源

**来自正前方的声音**
来自我们正前方的声音可同时到达两只耳朵，因此信号在大脑中传播的距离相同，这样便可激活中央神经元。

## 专注

我们的大脑可以基于声音的频率、音色或声源，通过将声音进行分类，从而在嘈杂的宴会上专注于某个对话。看起来你似乎听不到其他人的对话，但是当有人叫你的名字时，你仍会注意到。这是因为你的耳朵依然会将其他对话的信号传送至大脑，并且当一些重要的信息从其他地方传来时，可以"撤销"大脑对这个声音的"过滤"。

我们可以在嘈杂的环境中挑选我们想要听到的对话

大脑中含有某些只对特定频率做出应答的细胞，就像内耳中耳蜗的不同部分一样

信号在与传至另一只耳朵的信号相遇前可在本侧通路上传播得更远

触发的神经元告诉我们声音的源头距离左耳或右耳有多远

声波首先到达距其更近的耳朵

**不在中心的声源**
首先到达距其更近的那只耳朵的声音与随后到达距其更远的那只耳朵的延迟时间决定了哪个神经元会被激活，这个信息会告诉我们声音来自哪个方向。

从"混乱圆锥"中任何地方来的声音产生的神经反应完全一样，因此无法区分

锥外的声音可产生独特的神经反应，因此更容易定位

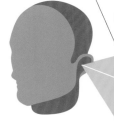

**找到声源**

**"混乱圆锥"**
在每个耳朵外部的锥形区域，信号是模糊的，并且我们发现很难定位声音。倾斜或旋转我们的头部可以将声源从这个混乱的区域移开，以帮助我们定位声音。

声源

---

## 音乐为什么可以让我们情绪化?

音乐可以引起强烈的情感反应，恐怖电影中的配音会增强恐惧感，有些旋律萦绕心头，让我们不由自主地打寒战。大脑中涉及情感的区域很广，但是我们并不知道音乐为什么或何以在听众中产生这种戏剧性的感觉，或者为什么同一首歌对不同的人所产生的影响也是不同的。

正在聆听音乐的大脑

### 为什么我们聆听时要停止走动?

当我们完全停止走动时可以听得更仔细，因为这样可以避免运动产生的声音，来帮助我们听得更清楚。

# 平衡行为

耳朵除了负责听力，还负责保持身体的平衡，告诉我们自己运动的方式及方向。耳朵之所以能够帮助人体保持平衡，是由于内耳（大脑的两侧各有一个）中的一系列器官。

## 转向与运动

每只耳朵里有三个约呈90°夹角的充满液体的管道。其中一个对运动产生反应，如向前滚动，一个对侧翻产生反应，第三个则对旋转产生反应。液体的相对运动告诉大脑我们正在往哪个方向移动。当液体在同一方向反复旋转时，就会形成动量。一旦达到自旋速率，毛细胞就停止弯曲，人就感觉不到运动了。然而，当停止旋转时，液体继续流动，人会感觉自己还在旋转，于是形成头晕的感觉。

这条管道感受运动，比如侧翻

半规管

每条管道的末端都有一个称为壶腹的区域，其中含有敏感的毛细胞

半规管

壶腹

这条管道感受向前和向后的运动

半规管

壶腹

这条管道感受头部的转动或人体旋转

壶腹

### 为什么酒精会让人头昏脑胀？

酒精在内耳的前庭器官中迅速聚集，并在管道中漂浮起来。当人躺下时，前庭器官受到干扰，大脑就会认为自己在旋转。

凝胶样物质

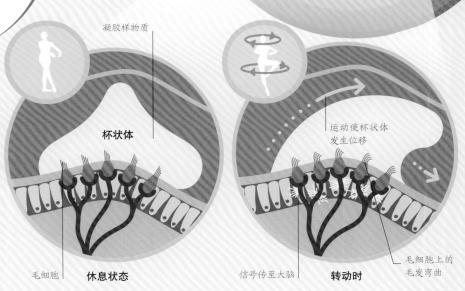

杯状体

运动使杯状体发生位移

**转动感觉器官**

当人移动时，管道内的液体也会移动，但是因为惯性，需要停顿一段时间后才能开始移动。这种运动使一种称为杯状体的凝胶样物质发生位移，干扰其内部的毛细胞，并将信号传至大脑。当杯状体向一个方向弯曲时，神经的触发率也会随之增加。而如果杯状体向别的方向弯曲，则神经触发被抑制，大脑就这样知道了我们运动的方向。

毛细胞　　**休息状态**

信号传至大脑　　**转动时**

毛细胞上的毛发弯曲

## 保持平衡

大脑不断地调整肌肉的微小运动以保持身体平衡。眼睛与肌肉的神经输入信号与来自内耳的神经信号相结合，以确定人体的运动方向。

**芭蕾舞者的大脑已经适应了去抑制旋转后眩晕的感觉**

| 迎面 | 向右转 | 向左转 |

**校正反射**

眼睛可自动校正头部运动，使视网膜上形成的图像保持静止。如果没有这种反射，我们就无法进行阅读，因为当每一次头部移动时，单词都会跳动。

## 重力和加速

除了转动，内耳还可以感受直线加速，包括前后加速和上下加速。人体有两个器官来感知加速度——椭圆囊对水平运动敏感，而球囊则感知垂直加速度（如电梯的运动）。这两个器官也可以感知重力相对于头部的方向，如头部倾斜或保持水平。

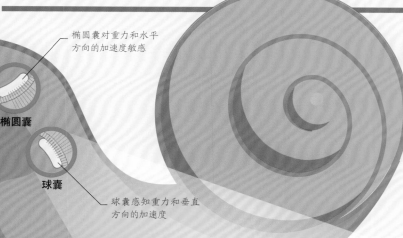

椭圆囊对重力和水平方向的加速度敏感

**椭圆囊**

球囊感知重力和垂直方向的加速度

**球囊**

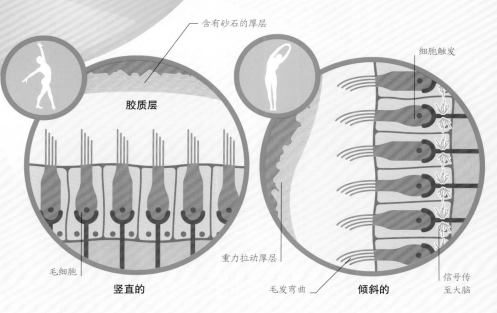

含有砂石的厚层

胶质层

细胞触发

**重力感觉器官**

椭圆囊和球囊的毛细胞位于胶质层内，其顶部含有砂石结构。当头部倾斜时，重力作用使得砂石移动，从而使毛细胞上的毛发变形。在加速过程中，由于砂石质量较大，需要更长的时间才能开始移动。如果没有其他的线索，则很难区分是头部倾斜还是身体在加速。

毛细胞

**竖直的**

重力拉动厚层

毛发弯曲

**倾斜的**

信号传至大脑

# 听力障碍

耳聋或听力障碍是比较常见的，但是由于技术的进步，多数都是可以治愈的。随着年龄增加，很多人由于内耳部件的损坏而出现不同形式的听力受损。

## 引起听力障碍的原因

先天性耳聋通常是由于基因突变导致耳朵不能正常工作引起的。而此处所展示的听力障碍则是由于在生活中受到损伤或疾病引起的。

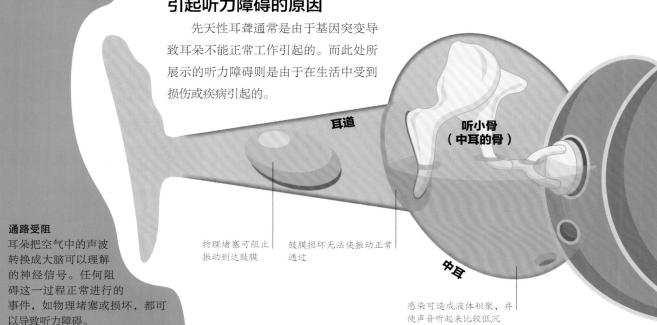

**耳道**

**听小骨（中耳的骨）**

**中耳**

**通路受阻**
耳朵把空气中的声波转换成大脑可以理解的神经信号。任何阻碍这一过程正常进行的事件，如物理堵塞或损坏，都可以导致听力障碍。

物理堵塞可阻止振动到达鼓膜

鼓膜损坏无法使振动正常通过

感染可造成液体积聚，并使声音听起来比较低沉

## 要多大声才算大声？

分贝音阶呈对数增加或减小，音量每增加6dB，声音的能量就增加一倍。大的噪声可以损害毛细胞，当损害超过一定水平，毛细胞就无法自我修复，进而死亡。如果死亡的毛细胞太多，人体就会损失掉对特定频率声波的听力。

**引起损害**
所有85dB以上的噪声都会引起听力损害，损害的程度取决于在这一噪声环境中待多长时间。

交谈　车辆通过　摩托车　音乐会　枪击声　爆炸

分贝
| 10 | 20 | 30 | 40 | 50 | 60 | 70 | 80 | 90 | 100 | 110 | 120 | 130 | 140 | 150+ |

在110分贝的环境中待1分钟就会引起听力损害

在100分贝的环境中待15分钟就会引起听力损害

140分贝的持续噪声会立即造成听力损害

在85分贝的环境中待8个小时就会引起听力损害

钟表的滴答声　轻声细语　电话铃响　原声吉他

## 从18岁开始，人将逐渐失去听极高音的能力

即便在耳朵没有受损的情况下，如果听觉皮层受损，也可能导致耳聋

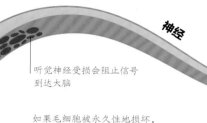

**大脑**

**耳蜗**

**神经**

听觉神经受损会阻止信号到达大脑

如果毛细胞被永久性地损坏，那么人将永远听不见某些频率的声波

**耳蜗的毛细胞**

健康的毛细胞的毛发很长

### 为什么喧闹的噪声使耳朵产生回响？

大的噪声使毛细胞振动得非常厉害，可致使其尖端断开，导致噪声结束后尖端继续将信号传送至大脑。24小时内，毛细胞的尖端又可以再生。

## 人工电子耳蜗

　　正常的助听器只是放大声音，并不能给毛细胞受损或失去毛细胞的患者带来帮助。人工电子耳蜗可替代实现毛细胞的功能，并将声音振动转换成神经信号，以便被大脑获取。通过耳蜗内的电极的电流越多，产生的声音越大，而激活电极的位置决定了音高。

### 它们是如何工作的

外部的扩音器可检测到声音，并将其传送至处理器。信号通过传送器进入内部接收器，随后作为电流传至耳蜗内部的电极阵列。受到刺激的神经末梢向大脑传送信号，由此听到声音。

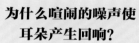

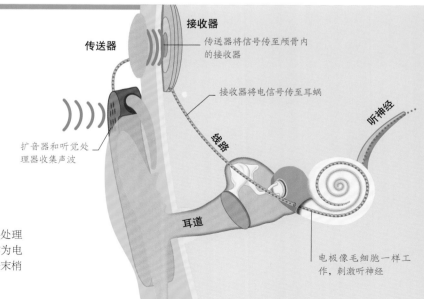

**接收器**

**传送器**

传送器将信号传至颅骨内的接收器

接收器将电信号传至耳蜗

**听神经**

扩音器和听觉处理器收集声波

**线路**

**耳道**

电极像毛细胞一样工作，刺激听神经

# 嗅觉的形成

　　鼻子里的感觉细胞可检测到空气中的颗粒，并将信号传至大脑，来识别气味。气味可以唤起强烈的情感或记忆，因为其与大脑的情感中枢有着物理连接。

## 嗅觉

　　任何有气味的东西都会将小颗粒或是气味分子释放入空气中。吸气时，这些小分子会进入鼻子，此处有专门的神经细胞检测到颗粒或气味分子，从而产生嗅觉。吸入的气味分子越多，就越容易闻到气味。吃饭的时候，我们的嗅觉和味觉常常同时起作用，这是由于我们吃到嘴里的食物会释放气味分子，后者随后又进入鼻腔的后部。

人类大约有1200万个受体细胞，可以检测到10000种不同的气味！

**2 鼻毛**
在鼻子的入口处，鼻子会阻挡颗粒较大的灰尘和碎屑，但能让比这些灰尘和碎屑小百万倍的气味分子通过。

灰尘

**新鲜的面包**

**烂奶酪**

气味分子

**烟味**

**1 嗅觉的类型**
有香味的东西，如刚烤好的面包、脱乳酪和正在燃烧的东西，均可释放气味分子。由于我们对某些气味分子的敏感性高于另一些气味分子，因此这些（敏感性高）的气味分子种类决定了我们闻到的气味以及气味的强度。

## 嗅觉丧失（不辨香臭）

　　嗅觉的完全缺乏称为嗅觉缺失。有些人天生就没有嗅觉，而有些人在感冒时或是头部受到损伤后会丧失嗅觉。这些情况导致神经纤维的断裂，减少传至大脑的神经信号。嗅觉缺失的人食欲也会减退，更容易患抑郁症，这可能是因为气味与大脑中的情感中枢相关联。嗅觉可以自行恢复，或通过药物治疗或手术恢复。对某些人来说，嗅觉训练有助于嗅觉感受器细胞的再生。

## 为什么我们会流鼻血？

鼻腔中有一层薄薄的鼻黏膜，鼻黏膜上充满了细小的血管。当吸入干燥的空气时，薄薄的黏膜形成干皮并破裂；甚至稍微用力地擤鼻涕时，都很容易造成这些细小的血管破裂。

**3 鼻腔**
当我们呼吸时，气味分子飘进鼻腔。位于鼻腔顶部、被称为嗅觉感受器的专门神经细胞，可检测到气味分子。薄薄的骨性鼻甲可辐射热量[1]，以保持嗅觉感受器的功能。

愉悦　恶心　恐惧

充满神经的嗅球将嗅觉信号传送至大脑

扁桃体

嗅觉感受器

神经

充满血管的鼻甲，可使空气变得温暖

**5 气味和情感**
新鲜食物的气味往往能激发快乐情绪。人闻到任何"过期"（食物）的味道都会引起厌恶感，提醒人（如果吃下它）会有生病的风险；而烟味可激发人体的"战斗还是逃跑"反应。

**4 传至大脑**
神经信号从嗅觉感受器的尖端传递到嗅球内的神经纤维。随后传至杏仁核，并在此处建立对每种气味的情感反应。

鼻毛阻挡灰尘和有害的细菌

鼻腔中的血管使吸入的气体变得温暖

## 锁钥理论

每个嗅觉感受器都对特定的一组气味分子产生反应，就像一把钥匙只能打开与它相匹配的一把锁一样。不同的气味可以激活不同类型的感受器，因此，我们可以识别比我们的感受器更多的气味类型。究竟是由分子的形状还是由其他完全不同的因素决定其是否匹配，目前尚不可知。

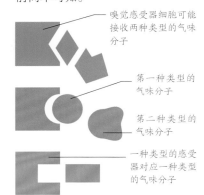

嗅觉感受器细胞可能接收两种类型的气味分子

第一种类型的气味分子

第二种类型的气味分子

一种类型的感受器对应一种类型的气味分子

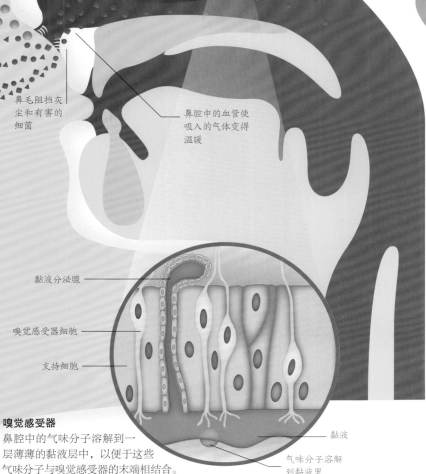

黏液分泌腺

嗅觉感受器细胞

支持细胞

黏液

气味分子溶解到黏液里

### 嗅觉感受器
鼻腔中的气味分子溶解到一层薄薄的黏液层中，以便于这些气味分子与嗅觉感受器的末端相结合。

---

1　译者注：鼻甲充满血管，可在吸气时对通过的气流进行加温加湿。

# 舌尖

舌头含有数以千计的化学感受器，可检测食物中某些关键的化学成分，并感知为五种主要的味觉之一。然而，每个人的舌头都是不一样的，这就是为什么人们对于食物有不同的喜好的原因。

## 味觉感受器

舌头上分布有微小的隆起（乳头），含有不同的味觉感受器，可将化学物质转换为五种基本的味道，即酸、苦、咸、甜和辣。舌头表面含有五种味道的感受器，每个感受器只处理一种味道。食物的味道是一种更为复杂的感觉，其中混合了味觉和嗅觉，而嗅觉是在气味分子从喉咙的后部进入鼻腔时感受到的。这就是为什么当鼻子被堵住时，食物会变得寡淡无味。

**味蕾**
味蕾生长于舌乳头表面的孔隙。食物或饮料中的分子进入孔隙，并与味觉感受器细胞接触。当某种味道被检测到时，味觉感受器细胞就将信号传送至大脑。在口腔内部同样也有味蕾。

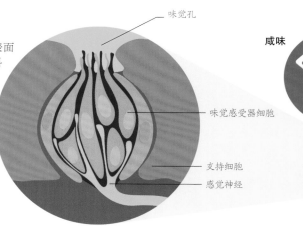

味觉孔

味觉感受器细胞

支持细胞

感觉神经

## 味觉超敏感者

有些人比其他人有更多的味蕾。这些味觉超敏感者可以尝到其他人感受不到的苦味物质，他们通常不喜欢绿色蔬菜和高脂食品。有人认为，在全世界人口中，味觉超敏感者约占25%。

味蕾密度更高

正常的舌头

味觉超敏感者的舌头

**为什么孩子都不喜欢喝咖啡？**

儿童之所以不喜欢苦味可能是人类保护自身免受毒物伤害的一种进化的结果。当我们长大成熟后，便开始学习品尝苦味，如喝咖啡。

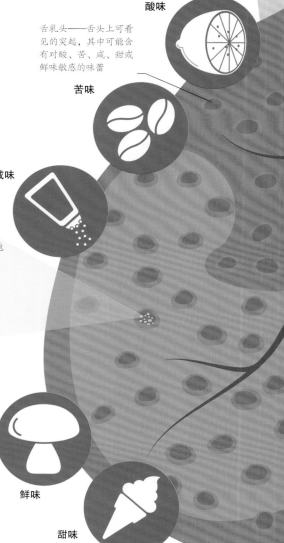

酸味

舌乳头——舌头上可看见的突起，其中可能含有对酸、苦、咸、甜或鲜味敏感的味蕾

苦味

咸味

鲜味

甜味

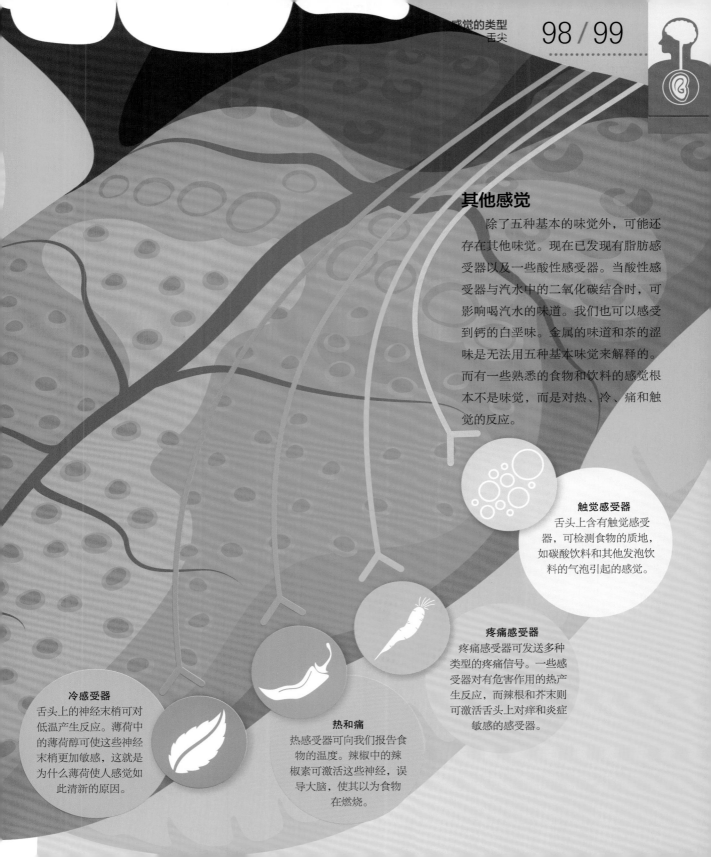

## 其他感觉

除了五种基本的味觉外，可能还存在其他味觉。现在已发现有脂肪感受器以及一些酸性感受器。当酸性感受器与汽水中的二氧化碳结合时，可影响喝汽水的味道。我们也可以感受到钙的白垩味。金属的味道和茶的涩味是无法用五种基本味觉来解释的。而有一些熟悉的食物和饮料的感觉根本不是味觉，而是对热、冷、痛和触觉的反应。

**触觉感受器**
舌头上含有触觉感受器，可检测食物的质地，如碳酸饮料和其他发泡饮料的气泡引起的感觉。

**疼痛感受器**
疼痛感受器可发送多种类型的疼痛信号。一些感受器对有危害作用的热产生反应，而辣根和芥末则可激活舌头上对痒和炎症敏感的感受器。

**热和痛**
热感受器可向我们报告食物的温度。辣椒中的辣椒素可激活这些神经，误导大脑，使其以为食物在燃烧。

**冷感受器**
舌头上的神经末梢可对低温产生反应。薄荷中的薄荷醇可使这些神经末梢更加敏感，这就是为什么薄荷使人感觉如此清新的原因。

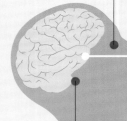
来自眼睛的视觉信息

## 镜框疗法

　　许多截肢患者都遭受着"幻肢"的疼痛。大脑将肢体缺失所导致的感觉输入缺失理解为肌肉紧握和抽筋的感觉。通过镜盒可以"欺骗"大脑以为"看到"了幻肢，而保留下来的肢体的运动常常可以减轻这样的疼痛。

完整肢体的镜像

完整肢体

来自耳朵的平衡信息

# 体位感

　　当人不看自己的手的时候，如何知道它们在哪里？有时我们将这种不用看见便可知道身体某部位所在何处的能力称为"第六感"，因为身体有专门的感受器告诉大脑，其每一部分处于空间的哪个位置。我们同时也能感觉到身体属于我们自己。

### 张力感受器

通过检测肌肉张力，就可以知道肌肉用了多大的力量（参见第56～57页）。

肌肉

高尔基腱感受器（腱梭）感觉肌肉张力的变化

肌腱

骨

### 位置传感器

　　人体内有一系列的感受器来帮助大脑计算身体的位置。肢体要移动，就必须改变关节的位置。通过关节两侧的肌肉收缩或松弛，来改变肌肉的长度或张力。连接肌肉和骨骼的肌腱以及关节一侧的皮肤拉紧，关节另一侧的皮肤则舒张。通过将这几部分的信息结合起来，大脑就可以构建一个相当准确的身体运动图像。

### 牵张感受器

肌肉中埋有微小的纺锤形感受器，可检测肌肉长度的变化，告诉大脑肌肉收缩的情况。

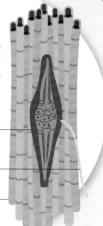

肌梭感受器检测肌肉长度的变化

神经将信号传至大脑

肌肉

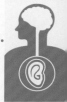

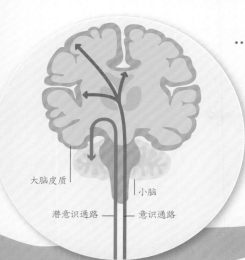

大脑皮质

小脑

潜意识通路 —— 意识通路

## 集成

　　大脑将来自肌肉和肌肉周围感受器的信息以及其他感觉综合在一起来理解身体在空间的定位。这个过程的意识部分受大脑皮层控制，可允许人们跑步、跳舞或捕捉物体；而潜意识部分则受大脑底部的小脑控制，可使人不假思索便能保持直立。

骨

触觉敏感神经

### 关节感受器

关节内的感受器可监测关节自身的位置。当关节伸展至极限时，这些感受器的敏感程度更高，这样有助于预防过度伸展造成的损伤。它们还可以检测关节在正常运动中的位置。

韧带感受器

韧带

## 身体归属意识

　　人们能感觉到身体是属于自己的，这一能力比表面上看起来更为复杂和灵活。这里展示的幻想的橡胶手创造了一种"这个假手是属于你"的感觉。类似的技术，如使用虚拟现实耳机，可以唤起"出体"体验，使我们在失去肢体时将假肢当成是身体的一部分。

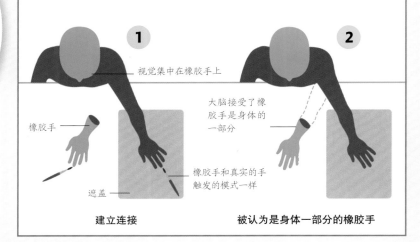

1　视觉集中在橡胶手上

橡胶手

遮盖

大脑接受了橡胶手是身体的一部分

2

橡胶手和真实的手触发的模式一样

建立连接　　　　被认为是身体一部分的橡胶手

### 皮肤伸展

皮肤中的特殊受体（参见第75页）可以检测拉伸动作。这有助于我们确定肢体的运动，尤其是一侧皮肤伸展而对侧皮肤松弛时关节角度的改变。

当你说话时，下颚肌肉和舌头里的**身体位置感受器**帮助你形成正确的声音。

# 综合感觉

大脑通过综合所有的感官信息来了解周围的世界。但是，令人惊讶的是，有时一种感觉也会改变人对另一种感觉的感受方式。

## 不同的感觉之间如何相互作用

人所经历的一切都是通过感觉来理解的。当看到并拿起一件物品时，可以感觉到它的形状和质地；当听到声音或闻到气味时，会去寻找这些声音和气味的来源；还可以在进食之前，首先"用眼睛来品尝食物"。大脑通过一系列复杂的处理来正确地整合这些信息。有时，这些信息的组合会引起多种感官的错觉。如果来自不同感官的信息是冲突的，大脑就会依据当时的情况来决定倾向哪一种感觉，这个过程可能是有益的，但也有可能起误导作用。

### 声音和视觉

当几件事情同时发生的时候，人们常常会认为它们之间是有关联的，即使不同感官发送了不同的信息。当人听到从自己的小车附近传来的警报声，会忽视声音的位置（除非这个警报声与小车之间距离很远），并且认为这个警报声就是从自己的小车发出的。

当警报声与小车之间距离足够远时，就可以被分辨出来

**小车的警报声**

警报声与小车之间距离很近

人奔向小车，以为它就是警报声的来源

**小车**

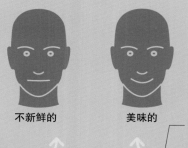

不新鲜的　　美味的

一个人在吃东西时听到嘎吱嘎吱的声音

不新鲜的薯片

### 味道和声音

如果有人在吃不新鲜的薯片时能听到嘎吱嘎吱的声音，就会认为这个薯片味道鲜美。因此，从商业战术上讲，生产商将薯片的袋子制成脆性的，以使得顾客在吃薯片时感觉更脆。

在嘈杂的环境中，可以通过"读唇语"来理解低沉的讲话

## 声音和形状

　　给出两种形状的物体，让受试者分别为其取名为布巴（Bouba）或奇奇（Kiki）时，绝大多数人都会称呼带有尖尖的突起的那个物体为奇奇，因为"奇奇"的发音比较尖；而称圆形的物体为"布巴"。这种情形在各种文化和语言中都存在，表明声音和视觉之间存在着某种联系。

### 气味和味道

　　味觉是由"天然的感觉"如"甜"或"咸"组成的简单感觉。人们所以为的味道实际上绝大多数是他闻到的气味，而气味也会影响"天然的"味觉本身。闻到香草的味道可以使食物或饮料尝起来更甜，但是世界上仅有部分地区将香草作为甜品的常见风味。

香草散发出独特的香味

无糖冰激凌吃起来味道是甜的

虚拟手上的球与弹簧的弹跳图像

真实的手上所感受到的球与弹簧的压力

**虚拟现实**

**真实世界**

### 触觉与视觉

当玩家在虚拟现实中拾取物体时，视觉线索会给他们一种物理上的感觉，即使他们的触觉没有给他们这样的信息。事实上，视觉是可以影响感觉的。

# 发出声音

说话是通过复杂而灵活的大脑神经通路和身体的协调来实现的。语气和音调会影响单词的发音，即使是最简单的句子，语气和音调也可以赋予其各种各样的意义。

**3 发出声音**
呼气的时候，气流通过声带，使其振动，从而发出声音。声带振动的速度决定了声音的音调，而速度又是由喉中的肌肉所控制的。如果想要大喊，就需要更强的气流（通过声带）。

声带振动以发出声音

**1 思考过程**
首先，决定你想要说什么，这就激活了大脑左半球的区域网络，包括将单词储存在记忆的布洛卡区。

大脑左半球的布洛卡区构思语言

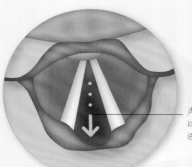

声带打开以使气体进入双肺

喉

气压在双肺中形成

**2 吸入**
双肺为发音提供所需要的稳定气流。当吸气时，声带打开以允许空气通过，然后开始在双肺形成气压。

**4 发音**
鼻子、喉和嘴巴共同作用，产生共鸣，而嘴唇和舌头的运动会产生特定的声音，将声带发出的嗡嗡声转变成可以识别的声音。

发"AA"声    发"EE"声    发"OO"声

## 你是怎么讲话的？

大脑、肺、嘴和鼻子在讲话时都起着重要的作用，但是喉头（喉）是最重要的。喉位于颈前方，下接气管，含有两张在其内部延伸的膜，称为声带。声带是产生声音的结构。

**发出不同的声音**
舌头在牙齿和嘴唇的帮助下通过运动来塑造由声带产生的声音。改变舌头和嘴的形状可以发出类似"AA"或"EE"的元音，而嘴唇可中断气流，以发出类似"P"和"B"之类的辅音。

## 语言的通路

大脑的每一个区域都是通过神经连接的。连接威尼克区和布洛卡区（弓状束）的神经束是由可高速传播神经冲动的神经细胞组成的。

运动皮层向肌肉发出指令以清晰地回答

**运动皮层**

**布洛卡区**

布洛卡区可帮助倾听者在听到的语音内容基础之上做出回答

连接威尼克区和布洛卡区的神经束

**听觉区**

听觉区分析语言

**威尼克区**

—— 威尼克区处理词义

语音到达倾听者的耳朵

## 处理语言

由语音引起的空气振动到达耳朵并触发其深处的神经细胞，后者再将信号传至大脑处理。威尼克区对于理解词汇的基本意义至关重要，而布洛卡区则负责理解语法和语气。这两个区域都是理解和产生语言的神经网络的一部分。任何一个区域受损都会导致语言出现问题。

### 人是怎么唱歌的？

唱歌时所使用的身体部位及认知网络与说话时所使用的身体部位及认知网络是一样的，但是这个过程需要更好的控制。在唱歌时，气压更大，一些腔室，如窦腔、嘴、鼻子以及喉都作为谐振器来共同发挥作用，以产生更加丰富的声音。

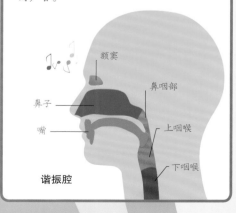

额窦

鼻咽部

鼻子

上咽喉

嘴

下咽喉

**谐振腔**

# 阅读面孔

我们是社会人，识别和理解面孔对维持生存至关重要。我们经过进化，对面孔具有足够的"敏感性"，有时甚至当它并不真正存在时，比如某张烧伤的面部，我们也能意识到（那是一张面孔）。

## 理解面孔的重要性

婴儿从出生开始就对面孔感兴趣，相比其他任何东西，婴儿更喜欢观察面孔。随着年龄的增长，他不仅很快成为一个识别面孔的专家，而且还具备了阅读情感表达的能力。这个能力有助于区分谁会帮助他，而谁又会对他造成伤害。被阅读过的面孔可以在记忆中停留相当长的时间，即使他已经很多年没有见到这个人了。

**面部表情线索**

当识别一张脸时，人们会看到这个人眼睛、鼻子和嘴巴之间的比例。这些器官的运动可以帮助人们察觉到对方的情绪。比如，眉毛上扬和嘴张开可以向人发出表示惊讶的信号。眼睛在理解了这些信号后，将神经信号传至大脑的纺锤状面部区域进行处理。

**纺锤状面部区域（纺锤脸区域）**

大脑的这个区域称为纺锤状面部区域，可在观察面孔时被激活。有人认为大脑的这个区域专司面部识别。然而，当看到熟悉的其他物体时，这个区域也会被激活，比如，如果你是一个钢琴家，那么，当你看到键盘的时候，这个区域就被激活了。因此，究竟这个纺锤状面部区域是否专司面部识别，尚处于争论之中。

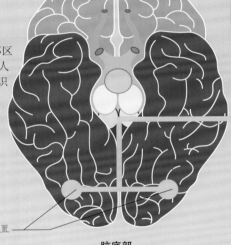

大脑两侧纺锤状面部区域的位置

脑底部

## 识别面孔

人类倾向于以随机的模式、在随机的地点发现面孔——从汽车到烤奶酪三明治再到木屑。这是因为我们的祖先为了在复杂的社会中生存下来，必须能够理解别人的面孔。

# 参与表情形成的肌肉

　　面部有拉动皮肤、改变眼睛形状以及嘴唇位置的肌肉，可以产生多种多样的表情。而理解他人面部表情，可以判断别人的心情、意图和意思。他人的面孔告诉我们什么时候可以请求他的帮助、什么时候他需要一个人静静或是什么时候可以给予他安慰。即使是最细微的线索，比如蹙额或嘴唇翘起，都可以让我们正确理解这个人是在皱眉还是在傻笑。

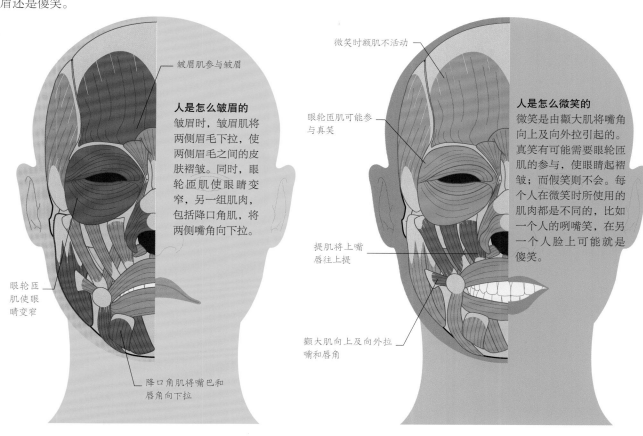

皱眉肌参与皱眉

**人是怎么皱眉的**
皱眉时，皱眉肌将两侧眉毛下拉，使两侧眉毛之间的皮肤褶皱。同时，眼轮匝肌使眼睛变窄，另一组肌肉，包括降口角肌，将两侧嘴角向下拉。

眼轮匝肌使眼睛变窄

降口角肌将嘴巴和唇角向下拉

微笑时额肌不活动

眼轮匝肌可能参与真笑

**人是怎么微笑的**
微笑是由颧大肌将嘴角向上及向外拉引起的。真笑有可能需要眼轮匝肌的参与，使眼睛起褶皱；而假笑则不会。每个人在微笑时所使用的肌肉都是不同的，比如一个人的咧嘴笑，在另一个人脸上可能就是傻笑。

提肌将上嘴唇往上提

颧大肌向上及向外拉嘴和唇角

## 凝视和目光接触

　　自闭症患者（参见第246页）在看到人脸时通常不能将目光聚焦于对方的眼睛和嘴巴。他们的社会交往容易发生混淆和障碍，并且可能会在交流时错过重要的社交线索。有自闭症倾向的婴儿可能会表现出凝视逃避，并继续发展成自闭症，因此凝视障碍可以作为自闭症的早期预警信号。

典型的凝视

自闭症患者

自闭症患者看东西的方式与正常人不同

先天性失明的人在情感被唤起时也可以产生跟视力正常的人相同的表情

# 语言之外的表达方式

　　语言并不是人与外界交流的唯一方式。除了语言，面部表情、声音语调和手势都是非常有意义的，注意到这些信号对于我们理解别人的真正意思至关重要。

侵犯某人的私人空间会激发其恐惧、觉醒或不适的感觉

## 非语言交流

　　当人们交谈时，会潜意识地从他人的声音、面部表情及肢体动作中提取微妙的信号。当对方说话的内容模棱两可时，正确地理解语言之外的信号就显得至关重要了。这些信号中的绝大多数都可以帮助我们衡量一个人或一群人的情绪，以便在社交场合举止得当。例如，在工作会议中，如果我们在等待一个合适的时机表达一个很棒的想法，那么准确地评估同事的肢体语言和心情就会十分有用。

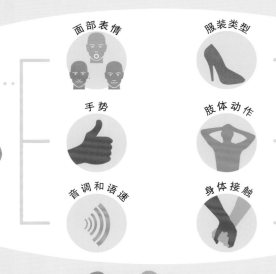

面部表情

服装类型

手势

肢体动作

音调和语速

身体接触

**信号的类型**
人们的面部表情、手势、肢体动作以及说话时的音调和语速都是在交流时需要注意的几种信号。衣着也需要关注，因为一个人的衣着可以提供包括他们的性格特点、宗教信仰或文化背景方面的信息。此外，肢体接触可以增加谈话时的情感信息。

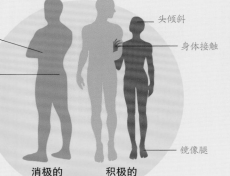

双臂交叉，形成屏障

头倾斜

身体接触

扭转身体，远离他人

镜像腿

消极的　　积极的

**身体语言**
通常，人在说话时，身体的移动方式似乎也在告诉别人自己说话的内容。保持眼神接触、与他人面部表情和姿势一致以及身体接触等，都可以被理解为积极的信号。而双臂交叉、弯腰驼背以及远离他人都可以产生消极的反应。

## 说谎

有时候，欺骗周围的人是有好处的，但是辨别他人是否说谎的能力对人来说同样也很重要。然而，在撒谎时，总有一些信号使人露馅儿。最好的说谎者可以说服他们自己本来就是在讲真话，而如果人真的相信自己的谎言，那么他的肢体语言就不会出卖自己。

### 停顿

当人说谎时，往往会有更多的停顿；因为与真实的回答相比，构思一个虚假的回答常常需要更多的时间。即便讲述发生过的故事，只要对该事件的情感是不真实的，停顿仍然是说谎露馅儿的表征。

手部颤动可能是说谎的迹象

### 手部动作

由于未被意识加工过，身体的动作常常是说谎更可靠的迹象。当人在说谎时，常常会拧手、做手势或紧张不安。

### 我们能否侦破所有谎言？

并不能。每个人都有自己说谎的方式。有人可能会在说谎时停顿，另一些人可能在说谎时脚趾抽动，而这两种表现也可能是由于其他原因，而并非只是不诚实。

微表情

**1秒**

### 微表情

说谎者的脸上会不自觉地出现闪电般的表情，通常是他或她想要隐藏的。这些表情持续的时间不超过半秒，普通人通常很难察觉到，但是可以被一个经过训练的观察者捕捉到。

### 摆出超人的姿势

肢体语言是如此的强大，甚至可以改变我们对自己的感觉。不论是男性还是女性，保持一个强势的姿态一分钟就可以升高体内的睾酮水平，降低应激激素皮质醇的水平。这样可以提高我们的控制感、增加我们承担风险的可能性，同时也可以改善我们在求职面试中的表现。这表明身体的动作可以影响情绪，也印证了那句古老的谚语——"假装自己可以，直到真的可以（fake it till you make it）"是多么明智的建议！

某人脚趾的抽搐可能是他在说谎的迹象

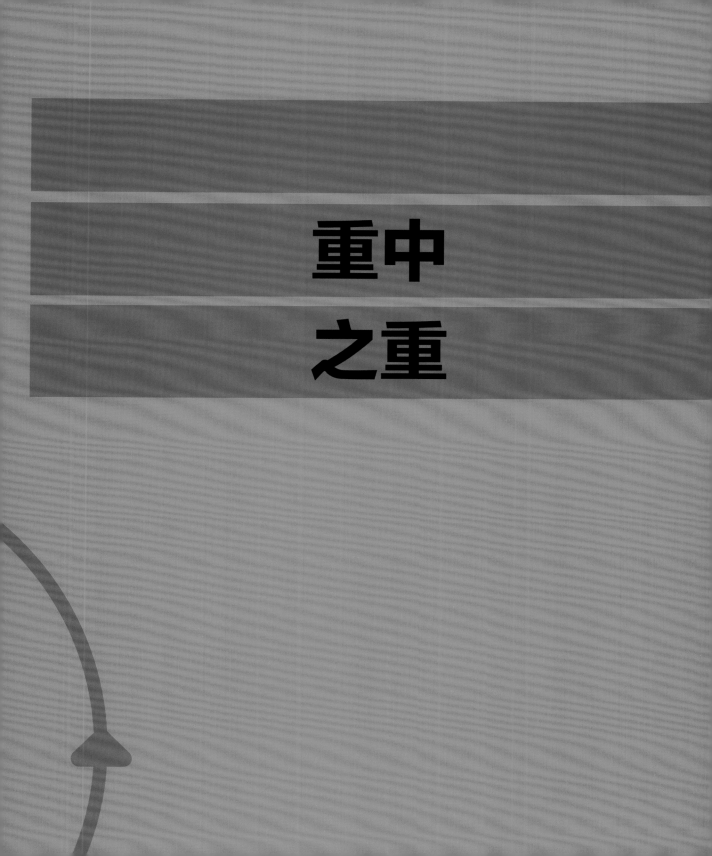

重中
之重

# 吸气

肺就像一对巨大的波纹管，通过呼吸吸入氧气并将废气二氧化碳排出体外。人在休息时，每分钟大约呼吸12次；而在运动时，呼吸的频率可达20次以上。一个人平均每年要进行850万次呼吸。

**1 吸气**
空气在通过鼻子或嘴时变得温暖和湿润。鼻毛将可能刺激气管或肺部并引起咳嗽发作的粉尘颗粒过滤掉。

**气管**

**鼻腔**

**舌头**

吸入气体

空气经过喉咙

空气沿着气管向下运动

细支气管

右肺内膜

**肺**

## 吸气

通过鼻子或嘴吸入的空气向下依次到达气管、左/右支气管以及被称为细支气管的越来越小的气道。在气管与末端细支气管之间，气道合分又23次。

**控制呼吸**

在血管中化学感受器信号的作用下，呼吸速率可以加快或减慢。这些感受器可以在血管、大脑和膈肌之间形成反馈回路。

血管

通往大脑的信号

**大脑**

受体继续监测心脏血液中的氧水平

化学感受器可以监测血液中的氧水平

**心脏**

**神经**

神经信号的方向

发送至膈肌以控制呼吸速率的信号

**膈肌**

**反馈系统**

化学感受器可以监测血液中的氧、二氧化碳和酸的变化。这个信息会发送至大脑，而大脑反过来控制膈肌的运动，通过增加或降低呼吸的速率及深度使上述三种物质在血液中保持水平恒定。

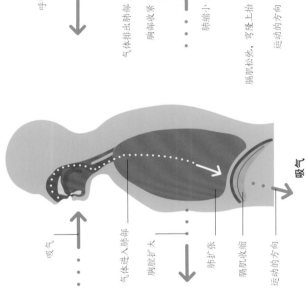

呼气

气体排出肺部
胸部收缩
肺缩小
膈肌松弛，穹隆上升
运动的方向

吸气

气体进入肺部
胸腔扩大
肺扩张
膈肌收缩
运动的方向

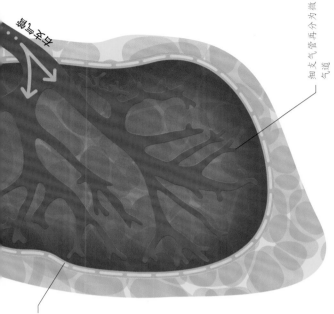

左支气管
细支气管
吸气方向
细支气管再分为微小气道
胸膜腔

**2 进入肺部**

空气从每一级支气管进入越来越小的气道，并最终到达被称为肺泡的小气囊。充满液体的胸膜腔将肺与胸腔分离开来。这层薄薄的液体可起到润滑剂的作用，使双肺在胸壁上滑动，并防止呼气时与胸膜分开。

将所有的气道首尾相连可长达 2400公里（1490英里）

## 惊人的肺泡总表面积

肺中所有微小气囊（肺泡）的表面积叠加起来可达到惊人的70平方米（50平方英尺），是皮肤表面积的40倍！肺泡如此大的表面积可使人尽可能多地吸收氧气。

皮肤

肺泡

## 呼吸的力学

胸部的肌肉和肋骨可影响呼吸，但是呼吸的主要动力来自膈肌。膈肌是一个圆顶形的肌肉，可将胸腔与下部器官分隔开。吸气时，膈肌收缩，并像活塞一样往下拉。同时，肋骨之间的肌肉也收缩，使肋骨抬起，这样，肺就膨胀开来，气体得以进入。当膈肌和胸部肌肉松弛时，气体呼出。

# 从气体到血液

人体内的每一个细胞都需要氧气，而肺可以非常熟练地从空气中提取氧气中提取这一维持生命的气体。提取氧气的过程由3亿个被称为肺泡的微小气囊完成，也正是这些肺泡，使双肺呈海绵状质地。

## 肺的深处

吸入的空气从喉咙进入气管，到达被称为细支气管的细小气管分支。在每根细支气管表面都覆有一层黏液，可使其保持湿润并捕获吸入的颗粒。此外，每根细支气管内也衬有一条条薄薄的肌肉。对于哮喘患者，这些肌肉的突然收缩会使气道变得狭窄，导致呼吸急促。

即便在呼出的气体中，也含有16%的氧气，足以救活一个人！

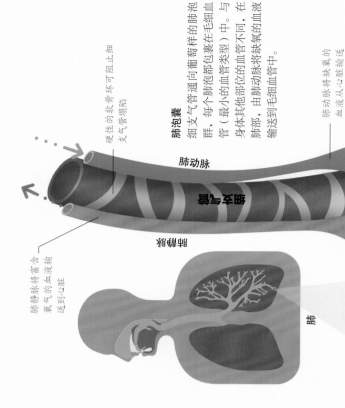

硬挺的软骨环可阻止细支气管塌陷

**肺泡囊**
细支气管通向葡萄样的肺泡群。每个肺泡都包裹在毛细血管（最小的部位的血管）中。与身体其他部位的血管不同，在肺部，由肺动脉将肺缺氧的血液输送到毛细血管中。

肺动脉将块氧的血液从心脏输送到肺部

肺动脉

缺氧血

含氧血

肺静脉将富含氧气的血液输送到心脏

肺

肺泡

毛细血管将肺泡包裹起来

**为什么在寒冷的天气中，我们可以看到自己呼出的气体？**

在寒冷的天气中，吸入的气体在肺部变得温暖；将气体呼出时，其中的水蒸气就凝结成云状的小水滴，从而能用肉眼看到。

## 在高海拔地区

在高海拔地区，空气稀薄，氧气不足。当身体检测到血液中氧含量比正常情况下低，就会自觉进行深呼吸。

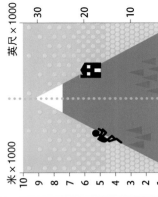

英尺×1000
30
20
10
0

米×1000
10
9
8
7
6
5
4
3
2
1
0

适应
永久的
暂时的

水土适应

**永久的**　那些终生生活在高海拔地区的人可能会遗传这种基因，从而在血液循环中携带更多的氧处理基因，更大的胸腔和更有效的氧处理机制，以应对长期的恶劣生存环境。

**暂时的**　去高海拔地区旅行的人可以通过产生更多的红细胞，而新鲜的氧气与氧血液通过心脏泵出而遍布身体各处。

**水土适应**　这种环境。完全适应高海拔大约需要40天，但这种适应并不是永久的。

---

气体类型
⋯⋯→ 氧气
——→ 二氧化碳

血液流回心脏，被泵入身体各处

呼出气体中的二氧化碳含量是吸入气体中二氧化碳含量的100倍

肺泡壁的厚度为单细胞厚度

吸入气体中氧气占比为21%

毛细血管壁的厚度为单细胞厚度

富含二氧化碳的血浆

缺氧红细胞

二氧化碳进入空气

氧化红细胞

氧气进入红细胞

肺泡

毛细血管

### 1　二氧化碳

二氧化碳可通过单细胞厚度的毛细血管壁及肺泡扩散。血液可以同时吸收氧气并排出二氧化碳。

### 2　氧气

吸入的氧气从肺泡扩散到血液中，并被血液中的红细胞捕获，使血液和红细胞颜色鲜红。

## 气体交换

毛细血管与肺泡之间的接触非常紧密，因此，气体可以迅速地进行交换。二氧化碳离开血液与氧气发生交换，而新鲜的含氧血液通过心脏泵出而遍布身体各处。由于在单次呼吸中，并不会将所有吸入的气体全部呼出，因此肺中就混合了缺氧和富氧的气体，这也正是为什么呼出的气体中也含有氧气的原因所在。

# 我们为什么呼吸？

通过呼吸进入身体的氧气对于维持生命是至关重要的，因为我们利用氧气来产生能量。全身最小的血管类型是微小的毛细血管，可将氧气输送至组成身体的50兆个细胞。每个人每天大约使用550升（968品脱）氧气。

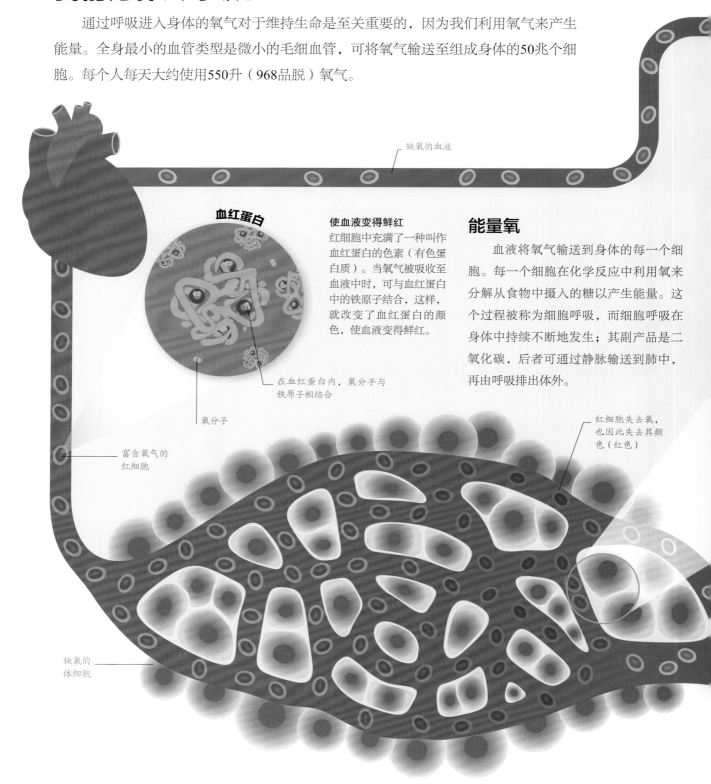

缺氧的血液

## 血红蛋白

### 使血液变得鲜红

红细胞中充满了一种叫作血红蛋白的色素（有色蛋白质）。当氧气被吸收至血液中时，可与血红蛋白中的铁原子结合，这样，就改变了血红蛋白的颜色，使血液变得鲜红。

### 能量氧

血液将氧气输送到身体的每一个细胞。每一个细胞在化学反应中利用氧来分解从食物中摄入的糖以产生能量。这个过程被称为细胞呼吸，而细胞呼吸在身体中持续不断地发生；其副产品是二氧化碳，后者可通过静脉输送到肺中，再由呼吸排出体外。

在血红蛋白内，氧分子与铁原子相结合

氧分子

富含氧气的红细胞

红细胞失去氧，也因此失去其颜色（红色）

缺氧的体细胞

**气体交换**
氧从高浓度（红细胞）扩散或流向低浓度（体细胞）。同样，二氧化碳从高浓度的体细胞扩散或流向低浓度的红细胞。

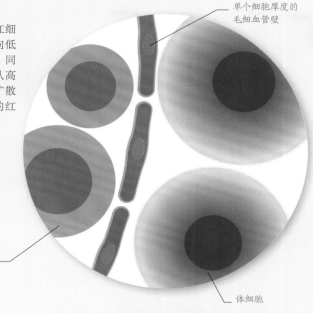

单个细胞厚度的毛细血管壁

红细胞

体细胞

### 薄薄的毛细血管壁

毛细血管将微小的动脉（小动脉）和细小的静脉（小静脉）连接起来。毛细血管的薄壁可允许氧气和二氧化碳进行交换。毛细血管非常细，因此可以进入从骨骼到皮肤的身体中的任何组织，但是其宽度仅够红细胞通过。有时，红细胞甚至需要改变其形状才能从某些毛细血管中挤过去。

人的毛发的厚度为0.08毫米

毛细血管的厚度为0.008毫米

脱氧血红蛋白

脱氧血红蛋白中的铁原子上没有氧分子结合

**蓝色的血？**
当血红蛋白携带氧气时，称为氧合血红蛋白；当其将氧气释放后进入体内的组织时，变为脱氧血红蛋白，同时颜色也变为深红色（缺氧血液的颜色）。即使静脉在皮肤下看起来是蓝色的，但是血液的颜色并不是真正的蓝色。

**当屏住呼吸的时候，血液中仍然有足够的氧，可以使人在几分钟之内保持清醒**

没有氧气的红细胞

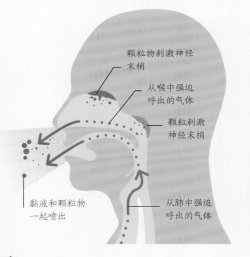

**喷嚏**

喷嚏反射的目的是去除鼻腔中的刺激因素，这种反射可由吸入的颗粒、感染或过敏物质触发。

图中标注：
- 颗粒物刺激神经末梢
- 从喉中强迫呼出的气体
- 颗粒刺激神经末梢
- 黏液和颗粒物一起喷出
- 从肺中强迫呼出的气体

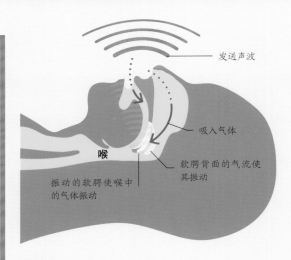

**打鼾**

睡觉时上气道的部分塌陷会导致打鼾。打鼾时，舌头向后倒，软腭随着呼吸振动。

图中标注：
- 发送声波
- 吸入气体
- 软腭背面的气流使其振动
- 喉
- 振动的软腭使喉中的气体振动

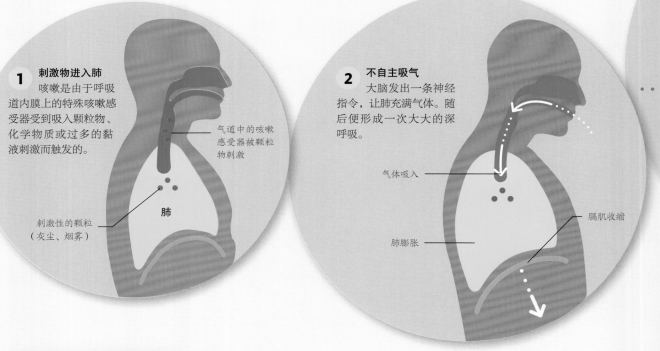

**1 刺激物进入肺**
咳嗽是由于呼吸道内膜上的特殊咳嗽感受器受到吸入颗粒物、化学物质或过多的黏液刺激而触发的。

图中标注：
- 气道中的咳嗽感受器被颗粒物刺激
- 刺激性的颗粒（灰尘、烟雾）
- 肺

**2 不自主吸气**
大脑发出一条神经指令，让肺充满气体。随后便形成一次大大的深呼吸。

图中标注：
- 气体吸入
- 膈肌收缩
- 肺膨胀

# 咳嗽和打喷嚏

呼吸系统在没有意识控制的情况下突然开始活动。这种反射作用去除了气道中的颗粒物，同时伴随咳嗽和喷嚏。而打嗝和打呵欠的作用则更为神秘。

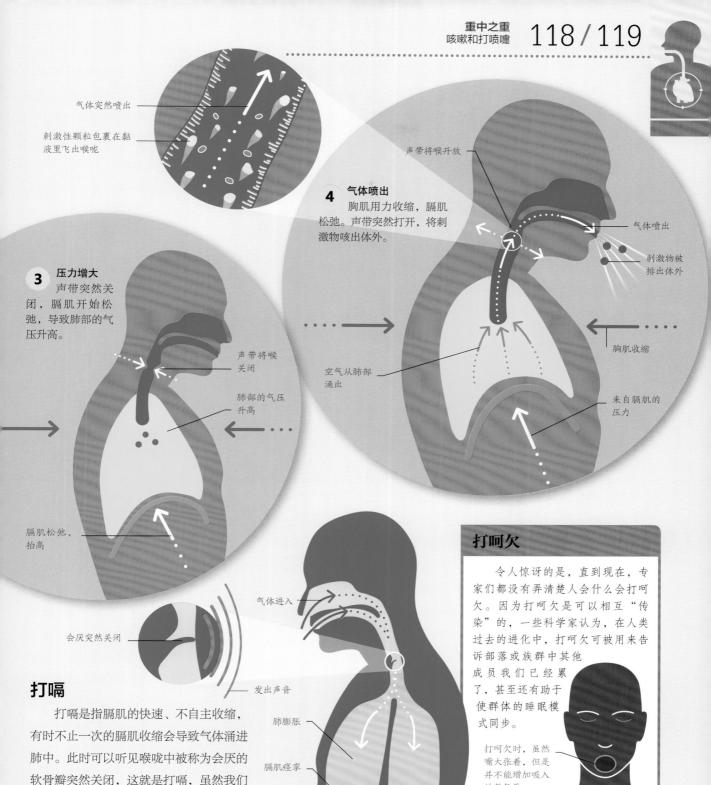

气体突然喷出

刺激性颗粒包裹在黏液里飞出喉咙

**4** **气体喷出**
胸肌用力收缩，膈肌松弛。声带突然打开，将刺激物咳出体外。

声带将喉开放

气体喷出

刺激物被排出体外

**3** **压力增大**
声带突然关闭，膈肌开始松弛，导致肺部的气压升高。

声带将喉关闭

肺部的气压升高

空气从肺部涌出

胸肌收缩

来自膈肌的压力

膈肌松弛、抬高

气体进入

会厌突然关闭

发出声音

## 打嗝

打嗝是指膈肌的快速、不自主收缩，有时不止一次的膈肌收缩会导致气体涌进肺中。此时可以听见喉咙中被称为会厌的软骨瓣突然关闭，这就是打嗝，虽然我们并不知道自己为什么这么做。

肺膨胀

膈肌痉挛

## 打呵欠

令人惊讶的是，直到现在，专家们都没有弄清楚人会什么会打呵欠。因为打呵欠是可以相互"传染"的，一些科学家认为，在人类过去的进化中，打呵欠可被用来告诉部落或族群中其他成员我们已经累了，甚至还有助于使群体的睡眠模式同步。

打呵欠时，虽然嘴大张着，但是并不能增加吸入的氧气量

# 血液的诸多用处

心脏和血管中血液的总量约为5升（10.5品脱），这些血液可运输全身细胞所需要的或其产生的所有物质，包括氧气、激素、维生素及废物。血液可将食物中的营养物质输送到肝脏进行加工，将毒素输入肝脏进行解毒，并将废物和多余的液体输送到肾脏，随尿液排出体外。

## 血液是由什么组成的？

血液是由一种称为血浆的液体组成的，血浆中漂浮着数十亿个红细胞、白细胞和血小板（参与凝血过程的细胞碎片）。血液中同时还含有在血浆中运输的废物、营养物质、胆固醇、抗体和蛋白凝血因子。我们的身体小心翼翼地控制着血液的温度、酸度及盐的水平，如果这些指标变化太大，血液和细胞就不能正常工作。

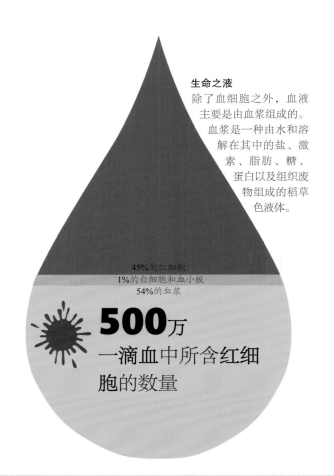

**生命之液**

除了血细胞之外，血液主要是由血浆组成的。血浆是一种由水和溶解在其中的盐、激素、脂肪、糖、蛋白以及组织废物组成的稻草色液体。

45%的红细胞
1%的白细胞和血小板
54%的血浆

**500**万
一滴血中所含红细胞的数量

## 氧气的运输

绝大多数的氧都是在红细胞内运输的，也有一小部分氧气溶解在血浆中。当一个红细胞从肺中收集到氧气后，需要花费大约1分钟的时间在全身完成一次循环。在这一循环中，氧气扩散至组织中，二氧化碳被吸收入血液中。随后，失去氧气的红细胞再次进入肺部，释放出二氧化碳，开始新的循环。

### 血液是在哪里产生的？

奇怪的是，血液实际上是在扁平骨骼（如肋骨、胸骨和肩胛骨）的骨髓中产生的，而且每秒钟就可以产生数百万个血细胞！

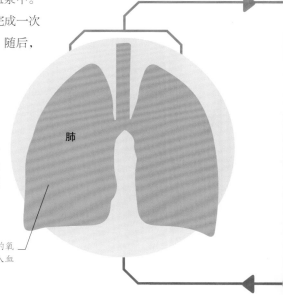

**双循环组织**
失去氧气的血液从心脏的右侧泵入肺部，而来自肺部的富氧血液则从心脏的左侧泵入全身各处。

肺

肺吸收气体中的氧气并将其释放入血液中

## 身体需要什么物质?

身体的活细胞需要各种各样的物质来帮助它们正常地发挥作用。而血液中则携带这些重要的物质，如氧气、盐、燃料（以葡萄糖或脂肪的形式）以及构建蛋白质的氨基酸，用于细胞的生长和修复。此外，血液中还携带激素，比如肾上腺素，这些激素都是可影响细胞行为的化学物质。

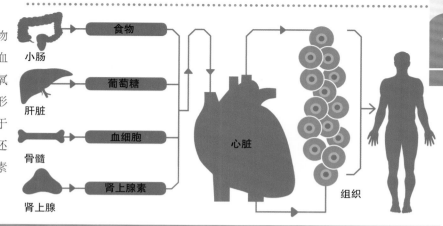

小肠　食物
肝脏　葡萄糖
骨髓　血细胞
肾上腺　肾上腺素
心脏
组织

## 身体不需要什么物质?

废物是正常细胞在行使其功能时产生的副产品，如乳酸。血液迅速将这些废物带走，以防止体内稳态失衡；其中一些废物被运输至肾脏，并随着尿液排出，另一些被运至肝脏，转化成细胞所需的某些物质。

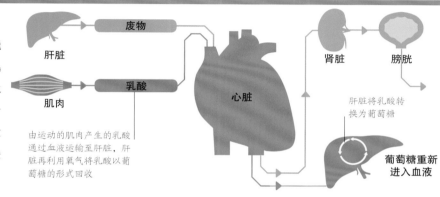

肝脏　废物
肌肉　乳酸
心脏
肾脏　膀胱

由运动的肌肉产生的乳酸通过血液运输至肝脏，肝脏再利用氧气将乳酸以葡萄糖的形式回收

肝脏将乳酸转换为葡萄糖

葡萄糖重新进入血液

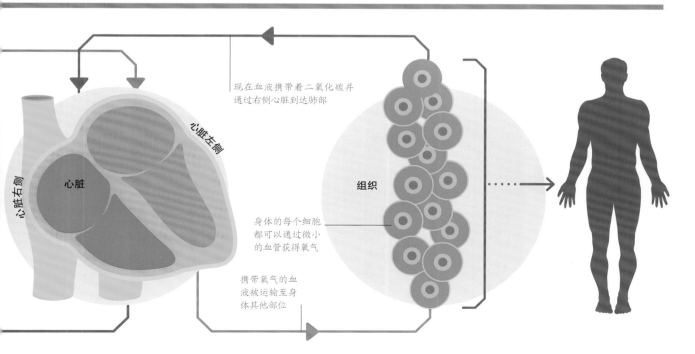

现在血液携带着二氧化碳并通过右侧心脏到达肺部

心脏左侧

心脏右侧

心脏

组织

身体的每个细胞都可以通过微小的血管获得氧气

携带氧气的血液被运输至身体其他部位

# 心脏是如何跳动的

心脏是一个拳头大小的肌肉器官，大约每分钟进行70次收缩和舒张。心脏的这种运动可以保持血液在肺和身体的周围流动，输送生命必需的氧气和营养物质。

## 心动周期

心脏是分为左右两半的肌肉泵。每一半心脏又可以进一步分为两个腔室，上方为心房，下方为心室。心脏的瓣膜可以防止血液回流，使血液沿着正确的方向流动。心肌上的窦房结是自然的起搏器，可以产生电信号，使心肌在收缩和舒张之间循环。心脏右侧有节奏地将血液泵入肺中，而心脏左侧有节奏地将血液泵入身体的其他部位。

### 心电图（ECG）记录

心脏内的电脉冲可以通过电极记录为心电图（ECG）。每一次心跳都能在心电图仪上产生特定的轨迹。心跳在心电图纸上显示的形状由五部分组成：P、Q、R、S和T，每一部分都是心跳周期特定阶段的标志。

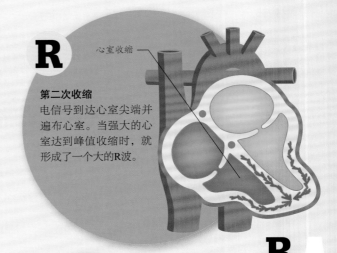

**R**

**第二次收缩**
电信号到达心室尖端并遍布心室。当强大的心室达到峰值收缩时，就形成了一个大的R波。

心室收缩

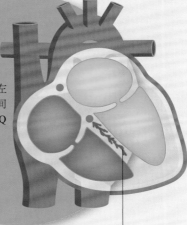

**Q**

**信号传递**
然后电信号通过左心室和右心室之间的厚肌壁，产生Q波的低谷。

电信号在心室壁之间传导

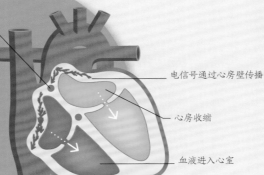

**P**

窦房结（自然起搏器）

**第一次收缩**
肌肉细胞的电活化使心房收缩，推动血液通过瓣膜进入心室并在心电图上产生P波。

电信号通过心房壁传播

心房收缩

血液进入心室

## 心跳声是怎么形成的?

心脏有四个瓣膜,这些心脏瓣膜成对地打开和关闭就产生了我们熟悉的有节拍的心跳声。

## 电信号是如何传播的

心脏的起搏器窦房结,是一个位于右心房上方的肌肉区域。窦房结首先产生一个电脉冲,并通过特殊的神经纤维在整个心脏上传导。心肌细胞很熟练地传递这些电信息,因此心肌就可以有规律地收缩;首先是两个心房收缩,随后是两个心室收缩。

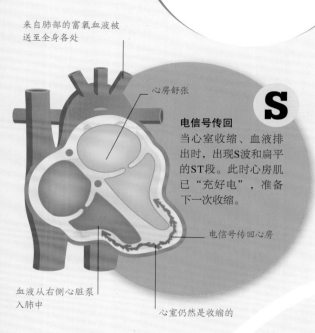

来自肺部的富氧血液被送至全身各处

心房舒张

**S**

### 电信号传回

当心室收缩、血液排出时,出现S波和扁平的ST段。此时心房肌已"充好电",准备下一次收缩。

电信号传回心房

血液从右侧心脏泵入肺中

心室仍然是收缩的

**特殊的细胞**

作为心脏天然起搏器的心肌细胞是有"漏隙"的,可允许离子(带电粒子)的进出。这样就产生了一个规律的电脉冲,引起心脏跳动。心脏(心肌)细胞具有分叉纤维,可将电信息迅速传播至邻近的心肌细胞。

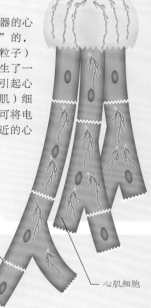

自然起搏器

电流

心肌细胞

**T**

**T**

心肌细胞再充电

**S**

### 心脏再充血

心电图上最后的T波出现在心室肌细胞充电或再次极化时。当心肌细胞为下一次收缩准备时,心脏处于休息期。

心脏每搏动一次,心室就泵出70毫升(7/3盎司)血液,大约相当于人一次献血量的五分之一

# 血液是怎么输送的

血液流经动脉、毛细血管和静脉。动脉具有弹性的肌壁，可以平稳地泵出血液；而静脉壁较薄，可以通过扩张来降低血压。如果血压升得太高，会增加心脏病或中风发作的风险。

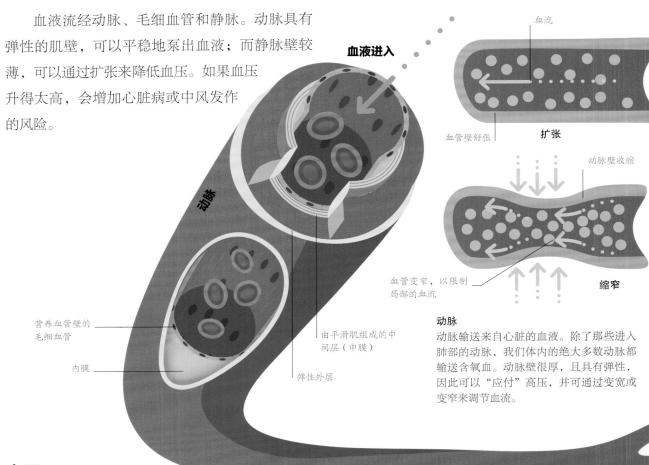

**血液进入**

**动脉**

营养血管壁的毛细血管

内膜

由平滑肌组成的中间层（中膜）

弹性外层

血流

血管壁舒张

**扩张**

动脉壁收缩

血管变窄，以限制局部的血流

**缩窄**

## 动脉

动脉输送来自心脏的血液。除了那些进入肺部的动脉，我们体内的绝大多数动脉都输送含氧血。动脉壁很厚，且具有弹性，因此可以"应付"高压，并可通过变宽或变窄来调节血流。

动脉分裂成更细的小动脉

## 血压

动脉中的血液随着心跳搏动，因此其内壁的压力也随之上下波动。动脉血压在心脏收缩后的瞬间（收缩压）是最高的，而在心脏舒张期间的休息期是最低的（舒张压）。由于毛细血管网非常庞大，因此其血压相比其他动脉要低得多；也正是因为其足够庞大，才能广泛地将血液运送到身体各处。当血液到达静脉时，其压力是最小的。

### 血压的范围
血压的单位是毫米汞柱（mmHg），正常血压范围在120和80毫米汞柱之间。尽管毛细血管和静脉中的血压很低，但也不会低至0毫米汞柱。

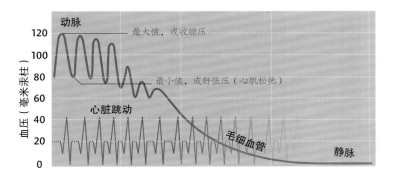

**动脉**

最大值，或收缩压

最小值，或舒张压（心肌松弛）

心脏跳动

毛细血管

静脉

血压（毫米汞柱）

120 100 80 60 40 20 0

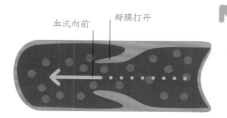

血流向前　瓣膜打开

**瓣膜打开**

瓣膜关闭　血流无法回流

**瓣膜关闭**

**静脉**
静脉将血液运回心脏。静脉里的压力非常低（5～8毫米汞柱），而双腿中的长静脉含有单向瓣膜系统，以阻止重力作用下的血液回流。

**毛细血管**

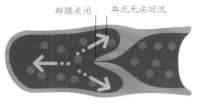

**测量血压**
测量血压时，首先在手臂上缠绕一根袖带并逐渐向里面充气，直到压力大到可以阻止动脉的血流。然后，慢慢释放压力，直到血液刚刚能从袖带通过，这样就产生了一种清晰的声音，此时血压计上所显示的血压就是准确的收缩压。当袖带压力继续下降至血流不再受到任何限制时，声音就停止了，此时血压计上所显示的血压即为舒张压。

**血液流出**

**血液流经全身的路线**
血液从心脏泵出后进入大动脉，大动脉再分成小动脉。血液在小动脉处进入毛细血管网。在肺部的毛细血管网中，血液收集氧气，并释放二氧化碳。在身体的毛细血管网中，血液释放氧气并收集二氧化碳。随后血液流入小静脉，小静脉再汇合入大静脉，最终回到心脏。

**静脉**

平滑肌层

弹性外层

瓣膜

内膜

**毛细血管**
毛细血管通过在全身组织中的精细分支来形成一个广泛的网络。一些毛细血管的入口受到肌肉环（括约肌）的保护，后者可在适当时候关闭掉那一部分毛细血管网。

小静脉汇合形成更大的静脉

小静脉

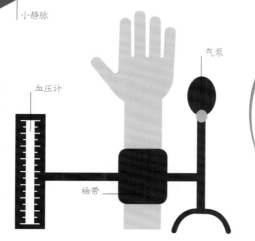

气泵

血压计

袖带

**为什么高血压是有害的？**
高血压可以损害血管内膜，从而引起胆固醇沉积斑块的形成，进而加速动脉硬化和老化。

# 血管破裂

血管渗透全身的组织，其薄壁可允许氧气及营养物质通过，但也很容易受到损坏。血管修复系统可以使血液凝固，从而快速修复损伤，但有时不必要的凝血可导致血管堵塞。

## 瘀伤

当身体的某部分受到撞击时，细小的血管可能会破裂从而使血液渗入周围的组织中。有些人，尤其是老年人比其他人更容易受伤。有时，这与机体的凝血障碍或某些营养物质的缺乏有关，比如维生素K（用于产生凝血因子）或维生素C（用于产生胶原蛋白）的缺乏。

**为什么长途旅行可能会导致静脉血栓？**

由于血流缓慢，即便是健康的血管内也可能出现血凝块，尤其是在保持数小时久坐不动的情况下。这样的血凝块（或是血栓）可以堵塞静脉。

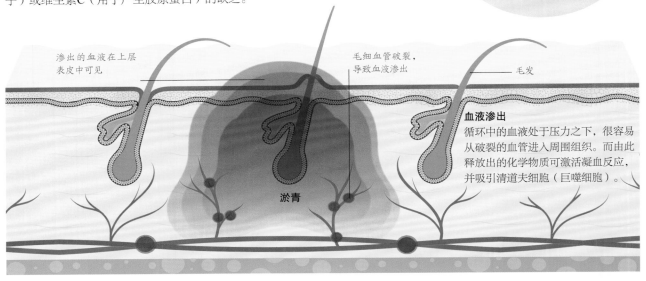

渗出的血液在上层表皮中可见

毛细血管破裂，导致血液渗出

毛发

淤青

**血液渗出**
循环中的血液处于压力之下，很容易从破裂的血管进入周围组织。而由此释放出的化学物质可激活凝血反应，并吸引清道夫细胞（巨噬细胞）。

## 凝血

当血管受到损伤的时候，必须很快使其愈合，以阻止血液的流失。机体的凝血过程涉及一系列复杂且有次序的反应。在凝血过程中，血液中失活的蛋白被激活并修复血管的损伤。同时，血管自身可能会收缩，以减慢血流，从而减少从循环中流失的血液。

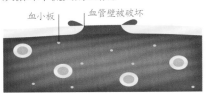

血小板　　血管壁被破坏

**1 初始开放**
暴露在破裂血管壁的蛋白如胶原蛋白会立即吸引称作血小板的细胞碎片。

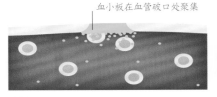

血小板在血管破口处聚集

**2 形成血凝块**
血小板聚集在一起，并释放可使纤维蛋白（血液循环中的一种蛋白质）形成纤维的特殊化学物质。

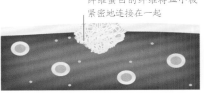

纤维蛋白的纤维将血小板紧密地连接在一起

**3 "网住"血凝块**
充满黏性的纤维蛋白纤维网形成一张将血小板连接起来的网络，同时将血细胞聚集在该网络内，形成血凝块。

## 瘀伤是如何愈合的?

瘀伤会使皮肤呈现紫色,这是位于皮肤下面缺氧血细胞的颜色。清道夫巨噬细胞在清理创伤区域时将溢出的红细胞回收,并首先将血红素转化成绿色,再转化为黄色。

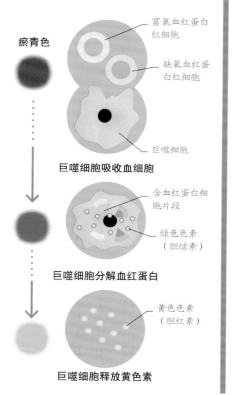

**瘀青色**

富氧血红蛋白红细胞

缺氧血红蛋白红细胞

巨噬细胞

**巨噬细胞吸收血细胞**

含血红蛋白细胞片段

绿色色素(胆绿素)

**巨噬细胞分解血红蛋白**

黄色色素(胆红素)

**巨噬细胞释放黄色素**

## 静脉曲张

人类作为高等动物,仅用两条腿直立行走(而把手腾出来执行更为精细的功能),其代价就是静脉曲张。腿上的长静脉使血液逆着重力的方向运动。在体表静脉中,这些瓣膜可能塌陷,导致血液淤积,并形成隆起。静脉曲张可能是遗传性的,也可能是由妊娠期压力增加所致。

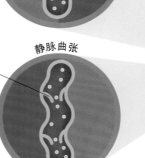

**健康的静脉**

血管回流受到限制

**健康的瓣膜**
静脉中有一系列瓣膜阻止血液的回流。这有助于血液在整条腿的静脉中克服重力作用,一直向上流回心脏。

**静脉曲张**

瓣膜彻底翻转,使血液倒流

**压力增加**
当脆弱的瓣膜翻转时,重力会导致血液倒流并在静脉内积聚;而由此产生的压力增加会导致静脉扩张和扭曲。

扩张和扭曲的静脉

---

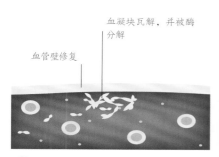

血凝块瓦解,并被酶分解

血管壁修复

**4 血凝块溶解**
修复伤口的细胞同时也会释放一些可缓慢破坏血小板/纤维蛋白血凝块的酶,这个过程称为纤维蛋白溶解。

## 堵塞的血管

血压升高或高血糖会慢慢地破坏动脉壁。血小板黏附在损伤区域以修复损伤。如果血液中的胆固醇水平也很高,就会渗入并积聚在受影响的区域,导致动脉狭窄并限制血液流动。如果为心肌供血的动脉受到影响,则可能导致心脏病发作。如果流向大脑的血流减少,则会影响记忆。

红细胞

动脉壁斑块聚集

**脂肪沉积**

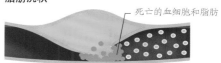

死亡的血细胞和脂肪

**血管堵塞**

**血流受限**
脂肪沉积可以聚集在动脉的受损区域,形成斑块。这些沉积物可导致动脉狭窄和僵硬,并限制血流。

# 心脏病

心脏是一个非常重要的器官，当它停止泵血时，细胞就无法获取需要的氧气和营养物质。而如果没有氧气或葡萄糖，大脑就不能正常工作，人也就失去了意识。

## 易受损伤的血管

与身体其他部位的肌肉相比，心肌需要更多的氧气。虽然心肌并不能从各个心腔中的血液里吸收氧气，但是心脏有自己的冠状血管为其提供氧气和营养物质。左冠状动脉和右冠状动脉相对比较狭窄，容易硬化和皱缩（缩窄），这种可能危及生命的冠状血管的变化称为动脉粥样硬化。

**大笑真的是最好的良药吗？**

这很可能是真的——大笑可以增加血流，并使血管壁放松。

**降低氧气供应**
心脏有专门的心肌细胞，其分支纤维可迅速传播电信息。心电图（ECG）上的特征性改变有助于医生诊断胸痛究竟是由于心脏血供差（心绞痛）导致的，还是心肌细胞死亡（心力衰竭）导致的。

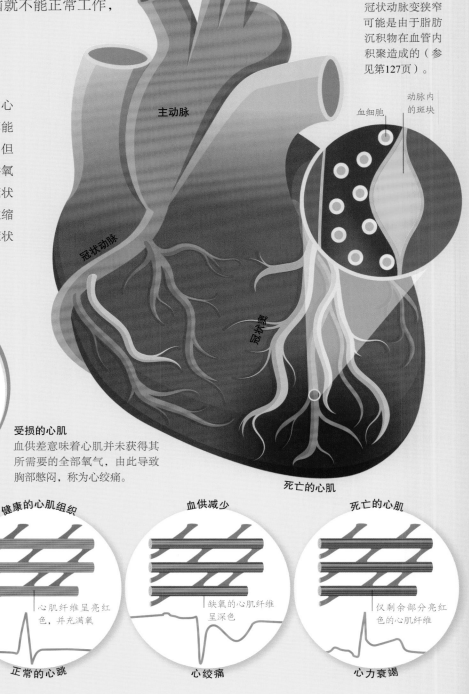

**血流受限**
冠状动脉变狭窄可能是由于脂肪沉积物在血管内积聚造成的（参见第127页）。

血细胞

动脉内的斑块

主动脉

冠状动脉

冠状动脉

**受损的心肌**
血供差意味着心肌并未获得其所需要的全部氧气，由此导致胸部憋闷，称为心绞痛。

死亡的心肌

健康的心肌组织

心肌纤维呈亮红色，并充满氧

正常的心跳

血供减少

缺氧的心肌纤维呈深色

心绞痛

死亡的心肌

仅剩余部分亮红色的心肌纤维

心力衰竭

## 心律问题

　　如果心脏跳动得太快、太慢或不规则，医生就会将其诊断为心律失常或异常的心动节律。大多数心律失常都不会对身体造成伤害，例如可伴随心悸或心跳暂停感的期前搏动（收缩）。心房颤动是最常见的严重心律失常类型，其中心脏（心房）的两个上腔室（心房）跳动不规则而且快速。这会导致头晕、气短和疲劳，同时也会增加中风的风险。有些心律失常可以采用药物治疗，而有些则需要除颤来使节律复位并使电活动正常化。

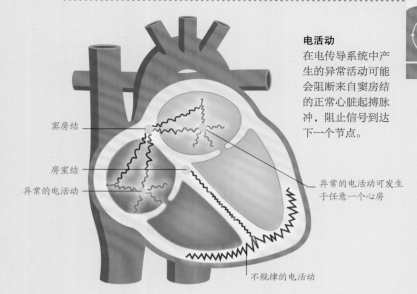

**电活动**
在电传导系统中产生的异常活动可能会阻断来自窦房结的正常心脏起搏脉冲，阻止信号到达下一个节点。

窦房结

房室结

异常的电活动

异常的电活动可发生于任意一个心房

不规律的电活动

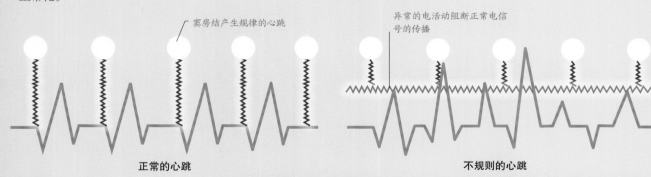

窦房结产生规律的心跳

异常的电活动阻断正常电信号的传播

**正常的心跳**

**不规则的心跳**

**电干扰**
心脏协调的跳动依赖于从窦房结传来的信号清晰地到达心室。如果电信号异常，阻碍窦房结信号继续向下传播，心脏收缩的节律就会受到干扰，而因此变得不规律。

人的心脏每年跳动超过3600万次，而以平均寿命来计算，在人的一生中，心脏大约会跳动28亿次

## 心脏除颤

　　一些危及生命的心律失常可以通过除颤来治疗。治疗通过将一束电流送到胸腔，试图重建正常的心电活动和收缩。只有当"可导致休克"的心律（如心室颤动）存在时，除颤才能起作用。如果检测不到心脏的电活动（心脏停搏），除颤仪就无法重新使心脏开始搏动。心肺复苏可触发电活动，因而也可以尝试通过心肺复苏除颤。

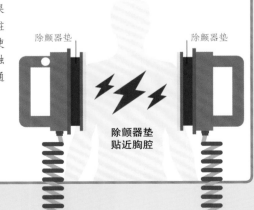

除颤器垫

除颤器垫

除颤器垫
贴近胸腔

# 锻炼及其极限

短跑或慢跑时，会有额外的血液泵入肌肉，为其提供产生能量的重要成分——氧气。进行有规律的深呼吸，可为肌肉补充氧气，并调整运动节奏。

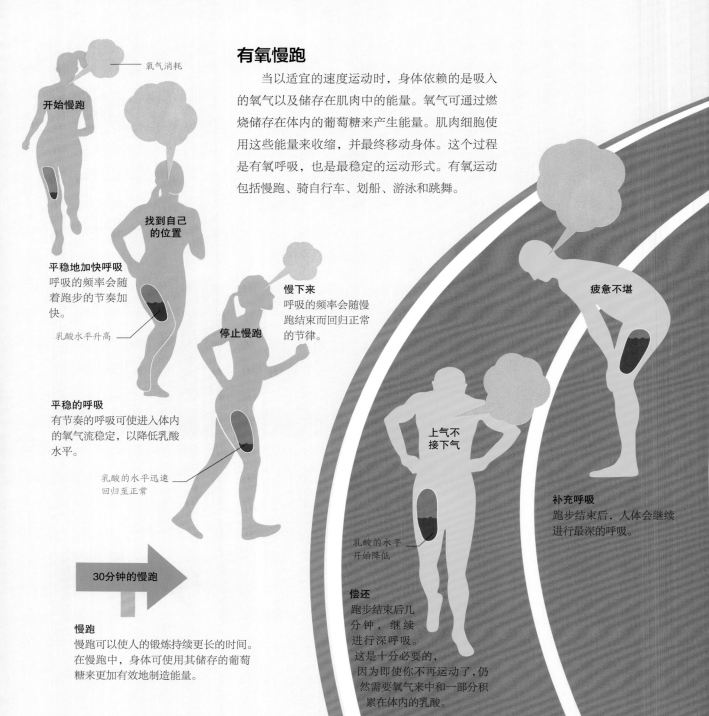

## 有氧慢跑

当以适宜的速度运动时，身体依赖的是吸入的氧气以及储存在肌肉中的能量。氧气可通过燃烧储存在体内的葡萄糖来产生能量。肌肉细胞使用这些能量来收缩，并最终移动身体。这个过程是有氧呼吸，也是最稳定的运动形式。有氧运动包括慢跑、骑自行车、划船、游泳和跳舞。

氧气消耗

开始慢跑

找到自己的位置

**平稳地加快呼吸**
呼吸的频率会随着跑步的节奏加快。

乳酸水平升高

停止慢跑

**慢下来**
呼吸的频率会随慢跑结束而回归正常的节律。

**平稳的呼吸**
有节奏的呼吸可使进入体内的氧气流稳定，以降低乳酸水平。

乳酸的水平迅速回归至正常

30分钟的慢跑

**慢跑**
慢跑可以使人的锻炼持续更长的时间。在慢跑中，身体可使用其储存的葡萄糖来更加有效地制造能量。

疲惫不堪

上气不接下气

乳酸的水平开始降低

**偿还**
跑步结束后几分钟，继续进行深呼吸。这是十分必要的，因为即使你不再运动了，仍然需要氧气来中和一部分积累在体内的乳酸。

**补充呼吸**
跑步结束后，人体会继续进行最深的呼吸。

## 全身都运动起来
乳酸很快在肌肉中积聚。吸氧量滞后。

## 蹲下
已准备好进行深呼吸。

**就位**

**锻炼自己**

## 到达极限
高水平的乳酸

**30秒冲刺**

### 冲刺
短时间内剧烈运动会导致身体低效地产生能量，释放出大量的乳酸，引起"烧灼感"。

## 转换点
开始感到头晕，并有烧灼感。乳酸的水平最终会达到肌肉无法再进行收缩的程度。人体会尽可能地进行深呼吸，以最大限度地吸入氧气。

## 无氧冲刺

在剧烈运动中，身体需要能量的速度比人体可以提供用于产生能量的氧气的速度要快得多。然而，在没有氧气的情况下，肌肉也可以继续分解葡萄糖，这称为无氧呼吸。无氧呼吸对短期的"爆发性"能量消耗是大有裨益的，但是这个过程却产生了过量的乳酸积聚在肌肉中，导致运动不可持续。此时，就需要更多的氧气，但并不是为了帮助燃烧葡萄糖，而是将积累的乳酸转化为葡萄糖以获取将来需要的能量。这个过程被认为是"偿还氧债"，使得人在紧张冲刺之后的一段时间里上气不接下气。

## 到达极限

在运动的过程中，乳酸在体内的积聚是导致人疲劳的原因。乳酸可干扰肌肉的收缩（参见第57页），进而引起身体的疲惫感。清除乳酸需要氧气的参与，这也就是为什么人在运动之后还要进行深呼吸的原因。在有氧运动和无氧运动中都会产生乳酸的积聚，但是乳酸积聚的速度在无氧运动中更迅速。脑细胞只能将葡萄糖作为燃料，因此，当肌肉运动消耗掉身体所有可用的葡萄糖时，也会产生精神的疲劳。

### 肌肉中的乳酸效应

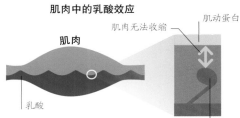

肌肉无法收缩
肌动蛋白
**肌肉**
乳酸
肌球蛋白

## 水化

运动时喝水有助于通过出汗调节体温，并重组乳酸。血浆中的水通过汗液排出体外，所以血液会变得黏稠，心脏也需要更加用力，才能将血液泵入全身各处。这就是所谓的"心脏漂移"，也就是为什么不能持续进行有氧呼吸和慢跑的原因之一。

充分水化：
75%

水化的安全上限：
70%

# 更壮和更强

　　锻炼可以使心跳加速，呼吸更深入，有助于增强心脏功能及改善耐力。另一方面，让肌肉重复收缩的运动称为阻力训练，可使肌肉变得更加强壮。

## 心血管运动

　　当进行心血管运动时，比如慢跑、游泳、骑自行车或快走，心血管系统就得到了训练。在这些运动中，心率上升，心脏跳动得更快，以泵出更多的血液到达全身各处，尤其是到达可影响呼吸深度的胸肌处。由于此刻对氧气的需求量增加，呼吸频率和深度都会相应上升。在血液中，也会尽可能地携带更多的氧气，为身体提供所需要的能量。

斜角肌收缩，抬高肋骨

随着肌肉收缩、肋骨倾斜，肺的容积缩小

肋间内肌收缩，向下倾斜肋骨

**锁骨**

### 胸部的肌肉
颈部、胸壁、腹部和背部的肌肉协调运动，通过扩张和缩小胸腔的大小来增加肺呼出和吸入的气体量。

**肺**

**胸骨**

**肋骨**

肋间外肌收缩，向上倾斜肋骨

腹直肌向下拉肋骨

深呼吸包括红色和蓝色的区域

由于肋骨向上倾斜，肺容积增加

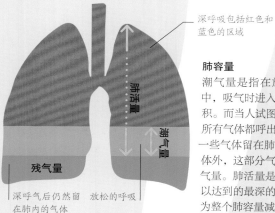

肺活量

肺容量

潮气量

**残气量**

深呼气后仍然留在肺内的气体　　放松的呼吸

### 肺容量
潮气量是指在放松呼吸过程中，吸气时进入肺中的气体体积。而当人试图尽力将肺中的所有气体都呼出时，仍然会有一些气体留在肺内不能被呼出体外，这部分气体体积称为残气量。肺活量是指在训练时可以达到的最深的呼吸，其大小为整个肺容量减去残气量。

外斜肌收缩并缩短，将肋骨向下拉

**吸入**　　　　　　　　　　　　**呼出**

## 阻力训练

举重训练可以锻炼肌肉，但是舞蹈、体操和瑜伽也一样可以锻炼肌肉，因为它们都是阻力训练。一套训练是指一组可重复收缩某个特定肌肉或某几个特定肌肉的连续性重复动作。可以通过选择在一定时间内进行有选择性的训练来使特定的肌肉生长。在一组练习中，能够重复的次数越少，说明所进行的练习难度越大。

### 哪种运动能燃烧更多的脂肪？

这取决于个体。但是心肺和重量训练结合的运动会比做单一类型的运动燃烧更多的脂肪。

细胞核

锻炼开始前的肌纤维

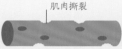
肌肉撕裂

锻炼开始后的肌纤维

卫星细胞

在休息期间的肌纤维

**重复训练**

腹直肌

**弓形姿势**
弓形瑜伽是使肌肉稳定生长的好办法。将身体弯成弓形可以使腹直肌收缩和轻微撕裂。重复做这个动作可以启动肌肉的生长。

### 肌肉生长过程
运动可撕裂肌纤维，然后通过卫星细胞修复。虽然肌纤维是单体细胞，但也有很多细胞核，可以与卫星细胞及其细胞核进行融合，生长为新的肌纤维细胞。在运动期间，肌纤维收缩，但是来自卫星细胞的细胞核却保留下来，并在再次训练之后迅速恢复其大小。

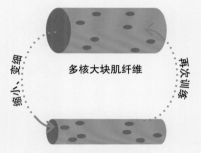

多核大块肌纤维

缩小、变细

再次训练

几个月不锻炼的肌纤维

## 运动时的心率

锻炼的强度可以用最大心率的百分比来表示。慢跑时，大约使用了心脏潜能的50%。达到巅峰状态的运动员可以最大限度地发挥他们心脏的功能，也就是100%。健身教练可以在人们健身时给他一个目标心率，这个目标心率对每个人并不是一样的，而是随着年龄的变化而变化。

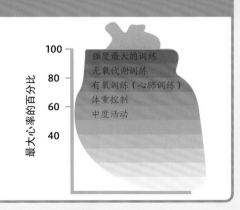

最大心率的百分比

100
强度最大的训练
无氧代谢训练
80
有氧训练（心肺训练）
体重控制
60
中度活动
40

睡觉时，身体会释放可刺激肌肉生长的激素

# 健康最大化

　　锻炼是保持身体健康的必要条件，而定期训练则可以改善身体的整体素质。身体将逐步适应艰苦的训练，肌肉变得更厚，呼吸变得更深，同时精神状态也得到了改善。

## 定期运动的积极结果

　　如果经常锻炼，你会发现自己的身体得到了广泛的改善。绝大多数时候，成年人仅需每天做30分钟的轻快运动就可获益；而对孩子来说，每天至少需要跑1小时。使自己保持活力对于改善器官和肌肉是至关重要的，通过规律的重复运动，可使身体的各个系统更加高效地运转，最终以最好的状态发挥其作用。

大脑

心脏

肺

肝脏

**氧气吸入**

锻炼可以增强胸部肌肉，使肺尽可能地扩张。因此，肺所能容纳的气体量会增加，呼吸频率也会上升，这样就使得在锻炼和休息的时候，可以吸收更多的氧气。

随着每一次锻炼，
呼吸越来越深

**动脉直径增加**

运动时，神经信号会促使动脉扩张（或变宽），从而增加血流量，这样可以将更多的含氧血液输送到肌肉。如果锻炼比较规律，动脉在锻炼时的直径会变得更宽，以最大限度地增加到达肌肉的氧气量。

动脉变宽

**代谢系统改善**

代谢过程发生在
肝脏

新陈代谢的速率就是指体内化学过程的速度，比如食物的消化或是脂肪的燃烧。运动可以产生热量，并加速这些过程，这种效应甚至在运动完成之后仍然存在。

规律的运动可增加输送至大脑的血液、氧气和营养物质。反过来，也会刺激大脑之间形成新的连接，改善一般的心智能力。运动还可以提高大脑中神经递质（如5-羟色胺）的水平，从而改善情绪。

### 心肌更强壮

心肌纤维的大小增加，但与身体其他地方肌肉大小的增加（通过卫星细胞来恢复）不同，心肌纤维是靠自身长得更为强壮来达到增加的效果。在这种情况下，心脏的收缩能力也变得更强了，可使血液更全面地分布于全身各处，并降低静息心率。

### 肌肉更强壮

拥有强壮的肌肉可以增加体力、增强骨骼、改善姿势、增加柔韧性以及在运动和休息时消耗的能量。同时，强壮的肌肉也更能承受运动造成的伤害。

## 生理极限

对于大多数人来说，刚开始一个训练项目会带来很大的好处，因为体能是在一个未经训练的水平上增加的。当接近自己的生理极限时，想要取得进一步的改进就变得异常困难了。每个人都有其不同的生理极限，取决于年龄、性别以及其他的遗传学因素。通过更高强度的训练项目，可以更快地到达自己的生理极限。最好的运动员会探索他们的极限，并寻找机会突破这个极限。

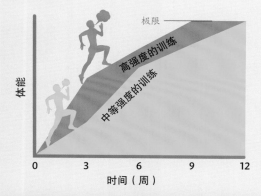

### 静息心率

运动员的心率在休息时比较低，因为长期的训练增强了他们的心肌力量。与未经训练的人相比，运动员的心脏收缩能力更强，每一次心跳所泵出的血液可以更有效地分布于全身组织。一个训练有素的运动员在休息时的脉搏可能低至每分钟30~40次。

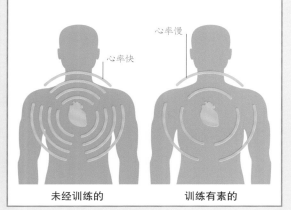

未经训练的　　　　　训练有素的

# 物质的
# 进　出

# 为身体补充必需物质

虽然身体可以制造很多重要的化学物质，但是身体需要的很多物质都必须从食物中获取。为身体提供燃料所需的能量完全是通过摄入食物所获得的。一旦营养物质被吸收入血液，它们就会被输送到身体的各个部位，并被分配到无数的任务中去。

**如果没有获得身体所需的营养物质会怎样？**

身体系统会开始衰竭，也可能会患上营养缺乏的疾病。例如，如果食物中长期没有矿物质，骨骼就不能正常地生长。

**碳水化合物**
碳水化合物是大脑的主要能量来源。富含纤维的全谷类食物及水果蔬菜是碳水化合物的健康来源。

**水**
人体大约65%是由水组成的。水分会不断地通过呼吸和出汗流失，因此，为身体补充水分是至关重要的。

**蛋白质**
蛋白质是所有细胞的主要结构成分。蛋白质的健康食物来源包括豆类、瘦肉、奶制品和鸡蛋。

糖类

氨基酸

**脂肪**
脂肪是一种丰富的能量来源，有助于吸收脂溶性的维生素。脂肪的健康食物来源包括奶制品、坚果、鱼以及植物油。

脂肪酸

**消化道**

## 身体需要什么

人体需要从食物中获得六种基本的营养物质以维持正常的身体功能。这六种营养物质包括：脂肪、蛋白质、碳水化合物、维生素、矿物质和水。后三种营养物质的颗粒非常小，可以直接被肠黏膜吸收，但是脂肪、蛋白质和碳水化合物则需要被化学分解为更小的颗粒后再被吸收。这些小颗粒分别是脂肪酸、氨基酸和葡萄糖。

**维生素**
身体需要在维生素的帮助下制造某些物质。比如，生成在各种组织中都发挥作用的胶原蛋白需要维生素C。

**矿物质**
矿物质对于生成骨骼、头发、皮肤和血细胞至关重要。此外，矿物质还能增强神经功能，并有助于将食物转化为能量。

## 眼睛（视觉）的构建

　　身体的每一处组织都是通过从食物中吸收的营养物质来建立和维持的。例如，人眼的组织是由氨基酸和脂肪酸来构建的，并且依靠糖类来提供能量。眼睛的膜和各空间内充满了液体，而视觉形成的基础，即将光线转变为电信号这一过程需要维生素和矿物质的参与。

**肝脏**可以储存供身体使用2年的**维生素A**的量

**细胞膜**
眼睛（以及身体其他部位）的所有细胞都被膜包围着，后者是由脂肪酸和蛋白质所构建的。

**能量**
眼睛是大脑的延伸，而且就像大脑一样，眼睛也需要碳水化合物中的糖分来获取能量。

**可改善视力的食物**
与身体所有的器官一样，眼睛要保持正常的功能运转，也需要六种必需的营养物质。这些营养物质可帮助构建眼部结构，并帮助其向大脑发送视觉信息。

**液体**
眼睛内充满了液体，以维持眼睛的压力，并为眼内组织提供营养和水分。这种液体98%是水。

**组织结构**
睫毛由角蛋白组成，而角蛋白又是由氨基酸构成的。眼睛的其他组织是由胶原蛋白构成的。

**视觉**
维生素A与眼睛中的蛋白质结合，形成视觉色素。当光线照在细胞上时，维生素A会改变形状，并向大脑发送电脉冲。

**红细胞**
眼睛的组织需要被红细胞氧化，而红细胞又需要血红蛋白及矿物质铁来运送氧气。

# 食物摄入的工作原理

进食是把食物分解成可被肠道吸收入血液的小分子的过程。对于食物来说，在吸收进入血液之前，首先需要经过长达9米（30英尺）的一系列器官，这些器官统称为肠道或是胃肠道。

## 食物在体内的旅程

食物的"旅程"通常从开胃菜开始，最后到进厕所时结束。期间，食物在经过口腔、胃、小肠和大肠的四个阶段中，分别释放出不同的营养物质。在这个过程中，肝脏和胰腺、瘦蛋白激素（瘦素）和饥饿激素也会起一定作用。平均来说，食物通过全身需要48小时。

**营养物质的吸收**
某些营养物质所需的吸收时间比其他营养物质长。大部分营养物质在小肠被吸收。

| | |
|---|---|
| 维生素 | → |
| 糖类 | → |
| 氨基酸 | → |
| 矿物质 | → |
| 脂肪酸 | → |
| 水 | → |
| 血流 | → |

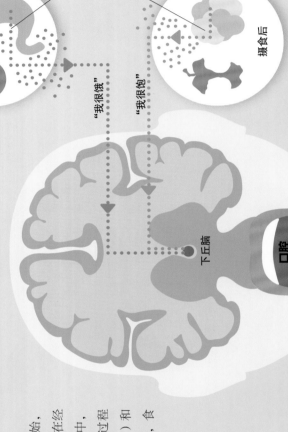

## 饥饿

在食物摄入之前

进食儿小时后，胃开始分泌饥饿激素，由此向大脑发送饥饿信号，肠道也开始准备容纳食物。

机械激素发出的信号机械们感觉到机械

"我很饿"

下丘脑

口腔

## 满足感

瘦素发出的信号使我们感觉到饱

摄食后

当摄入了足够的食物，脂肪组织就会释放瘦素。这标志着大脑将肠道恢复到"待命"模式。

## 饥饿和满足感

当感到饥饿的时候就会吃东西，而感到饱胀的时候就不再继续吃了。然而，不论是饥饿感还是饱胀感，都不受人体自身的控制。事实上，当体内营养素不足时，胃就会释放饥饿激素，使人体感觉到饥饿；而当人体饱腹时，脂肪组织会释放瘦素，以抑制食欲。

**血流**

**食管**

**1 口腔和食管**
进食的第一个阶段是通过咀嚼将食物机械性地咬碎。这个过程可将食物与唾液混合在一起，而唾液则可以对食物进行化学性消化。然后食物被吞咽进去，并到达食管（参见第142页）。

**2 胃** 食管肌肉收缩，将食物推进胃里。在这里，食物浸泡在胃液中，并在胃液的作用下变成一种称作食糜的汤样混合物（参见第143页）。

**4 大肠** 食物中的绝大多数水分在大肠中被吸收，与水分一起被吸收的还有少部分最终变成可消化的部分被压入粪便，储存养物质。同时，食物中不可消化的部分被压入粪便，储存在大肠，直到被排出体外（参见第146～147页）。

咽

大肠

肝脏

胰腺

食物在胃中的时间为2.5～5小时

食物存在口腔和食管中的时间为1分钟

食物在小肠中的时间约为3小时

食物在大肠中的时间为30～40小时

小肠

胰腺导管中携带胰酶

携带胆汁（由肝脏产生）的管道

**3 小肠** 在小肠中，在胰腺提供的胰酶和肝脏产生的胆汁作用下，食糜得以进一步分解。食物中的大部分营养物质在小肠被吸收（参见第144～145页）。

**如果食物被阻塞住了怎么办？**

阻塞可由压力、饮食不良或感染引起。发生肠道堵塞时，可采用泻药未治疗。泻药可使通过食物的肠道变得平滑。

# 从口腔开始

食物在体内经过漫长而曲折的"旅程"。这一旅程始于在口腔的短暂停留以及在胃中的一场"胃酸浴"。消化的第一阶段的目标是将食物变成食糜（一种汤样的营养物质混合物），再被移至小肠中进行加工。

## 一路向"南"（上北下南）

从口腔到胃的路径是垂直的，两者之间由食管相连。食物在重力和食管肌肉收缩（称为蠕动波）的作用下被推向更下方的消化管道。

**1 开始消化**

当口腔咀嚼食物时，唾液腺会增加对唾液的分泌，有助于将食物变为糊状物。唾液中还含有一种被称为淀粉酶的酶，可将淀粉转化为更容易被吸收的糖类。

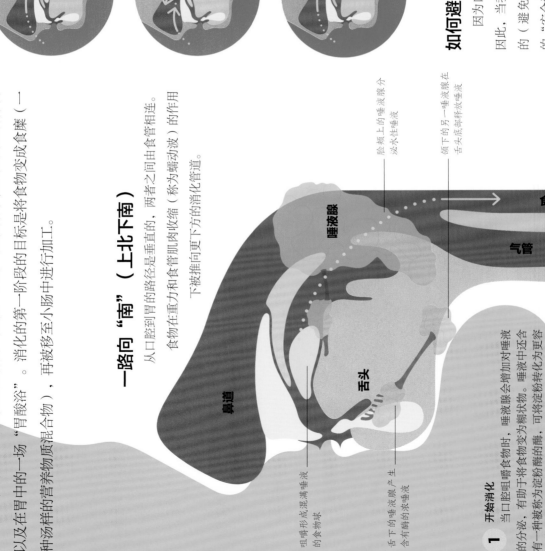

鼻道

唾液腺

舌头

食管

小肠

咀嚼形成混满唾液的食物球

舌下的唾液腺产生含有酶的浓唾液

脸颊上的唾液腺分泌水性唾液

颌下的另一唾液腺在舌头底部释放唾液

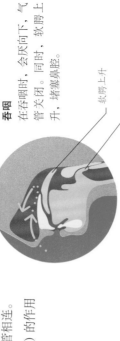

**咀嚼**

当食物到达口腔时，会厌立即抬起使气管开放。这使得人在咀嚼食物时通过鼻子进行呼吸。

气体进入

会厌抬起

**吞咽**

在吞咽时，会厌向下，气管关闭。同时，软腭上升，堵塞鼻腔。

软腭上升

会厌向下

**准备好再次咀嚼**

当食物进入食管时，会厌和软腭会恢复到原来的位置。这使得人能够重新呼吸和咀嚼。

会厌立起来

## 如何避免呛咳

因为口腔既可以摄入食物，又可以进行呼吸，因此，当我们吞咽食物时，将气管关闭是至关重要的（避免误吸）。幸运的是，身体有一对内置的"安全装置"，即喉咙中被称为会厌的会厌瓣和上颚的一片被称为软腭的弹性组织。

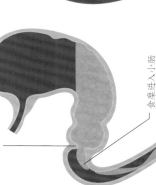

**2 食物进入胃中**

食物通过肌肉环进入胃中。几小时后，食物会被胃中三种不同的肌肉搅动。在几乎意识不到的"暴力"过程中，食物与胃壁腺体分泌的胃液混合在一起。

将食物转化成食糜

胃

食管中的肌肉波将食物向下运输

咀嚼食物球

肌肉环松弛，以让食物进入

小肠

胃壁的肌肉层在三个不同的方向上拉胃壁，把胃弯曲成不同的形状，以搅动食物，就像在洗衣机里洗衣服一样

胃壁层次

胃液释放

**我们为什么会消化不良？**

消化不良，或常说的"烧心"，是指胃壁受自身分泌胃酸的侵蚀，常见于暴饮暴食、压力大或酗酒的情况。

**3 胃液**

胃液中包括可杀死细菌的极具腐蚀性的氢氯化胃酸，以及可将蛋白质转化为小分子的胃蛋白酶（多肽）。此外，还有胃脂肪酶，这是一种可分解脂肪和蛋白的酶。黏液形成一层黏稠的保护层，使胃不受自身消化液的影响。

胃液由胃底不断分泌

**4 继续前进**

在胃中搅拌3～4小时后，所有食物都变成了食糜。然后这些化学混合物（食糜）通过胃底的另一个肌肉环口，进入小肠里。在这里，消化就真正地开始了。

肌肉环放松，释放食糜

食糜进入小肠

# 肠道的反应

一旦食物在胃中变成食糜，就会被挤入小肠。小肠中会发生大量的化学反应，食糜得以进一步分解，并最终被血液吸收。每天，大约11.5升（20品脱）的食物、液体和消化液从小肠中通过。

## 器官之间协调运作

小肠对于食物的消化受到三个其他器官的帮助：产生消化酶的胰腺，制造胆汁的肝脏，储存胆汁的胆囊。

**1 胆汁工厂**

在肝脏的多种功能中，其一就是产生胆汁。胆汁是一种可使脂肪转化为更容易消化的脂肪滴滴的苦味液体。胆汁一旦产生后，就储存在胆囊中。

**2 胆汁的储存**

当食物离开胃进入小肠时，胆汁也从胆囊中进入小肠。在小肠中，胆汁与来自胰腺的消化酶混合。

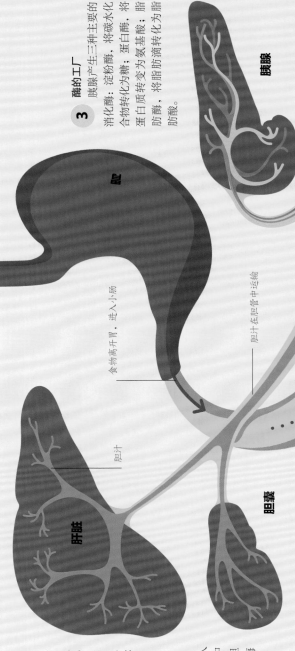

**3 酶的工厂**

胰腺产生三种主要的消化酶：淀粉酶，将碳水化合物转化为糖；蛋白酶，将蛋白质转变为氨基酸；脂肪酶，将脂肪滴转化为脂肪酸。

**胰腺**

充满酶的胰腺导管

**肝脏**

胆汁

**胆囊**

胆汁在胆管中运输

**胃**

食物离开胃，进入小肠

**小肠**

食物在小肠壁肌肉的收缩下向前推进

### 食物约95%在小肠中被吸收，余下的在大肠中被吸收

肠壁上有成千上万万的绒毛

携带消化液的导管开流

**4 吸收开始**

胆汁和消化酶经过3~5小时的协同作用，将营养物质还原成简单、可吸收的形式。小肠壁的内衬上有数以千计的微小突起排列。吸收过程就在此发生。这些突起称为绒毛，可极大程度地增加肠道的表面积，从而增强其吸收营养物质的能力。

淀粉酶消化碳水化合物，产生糖分

**碳水化合物**

蛋白酶消化蛋白质，产生氨基酸

**蛋白质**

脂肪酶消化脂肪滴，产生脂肪酸

**脂肪滴**

— 糖分

— 氨基酸

— 脂肪酸

**5 进入血液**

绒毛吸收营养成分并将其输送到血液中，血液又将营养成分输送到肝脏及身体其他各个部位。与此同时，没有被绒毛吸收的那部分食糜继续向下进入肠道的最后部分（参见第146~147页）。虽然这里并没有显示，但是脂肪的消化有另一个步骤，即进入绒毛后，脂肪酸在进入血液之前要先经过淋巴系统。

溶解的糖

溶解的氨基酸

溶解脂肪酸

**血流**

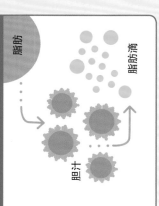

**脂肪的消化**

脂肪特别难消化。即使已经在胃酸中浸泡过后，它们仍然不易被酶消化。而此时，胆汁就开始发挥作用了。通过一个称为乳化的过程，胆汁将脂肪转变成脂肪滴，这个大小就足够被酶进一步消化。

脂肪

脂肪滴

胆汁

# 粪便排出

大肠是一根长约2.5米（4英尺）的长管，在此完成消化的最后阶段。细菌在此处开始发酵碳水化合物，释放对人体的健康至关重要的营养素。同时，粪便被压缩、储存和排出。

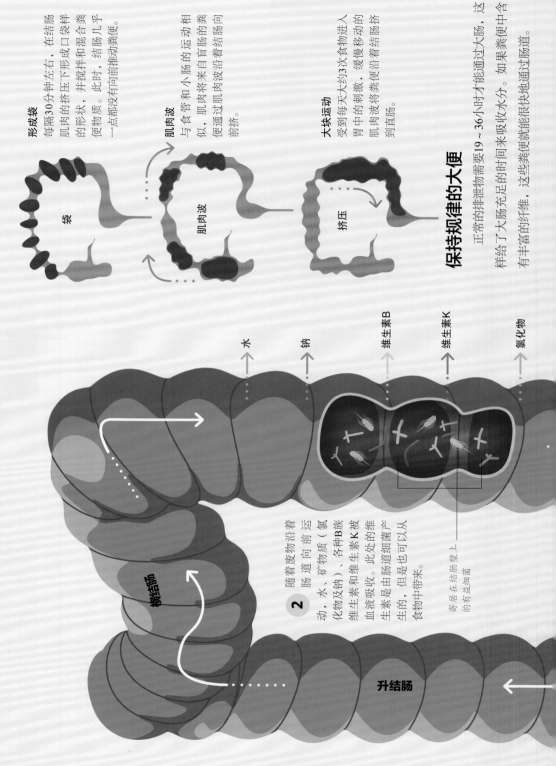

## 形成袋

每隔30分钟左右，在结肠肌肉的挤压下形成口袋样的形状，并搅拌和混合粪便物质。此时，结肠几乎一点都没有向前推动粪便。

袋

## 肌肉波

与食管和小肠的运动相似，肌肉将来自盲肠的粪便通过肌肉波沿着结肠向前挤。

肌肉波

## 大块运动

受到每天大约3次食物进入胃中的刺激，缓慢移动的肌肉波将粪便沿着结肠挤到直肠。

挤压

## 保持规律的大便

正常的排泄物需要19～36小时才能通过大肠。这样给了大肠充足的时间来吸收水分。如果粪中含有丰富的纤维，这些粪便就能很快地通过肠道。

→ 水

→ 钠

→ 维生素B

→ 维生素K

→ 氯化物

**2** 随着废物沿着肠道向前运动，矿物质（氯化物及钠）、各种维生素和维生素K被血液吸收。此处的维生素是由肠道细菌产生的，但是也可以从食物中带来。

寄居在结肠壁上的有益细菌

横结肠

升结肠

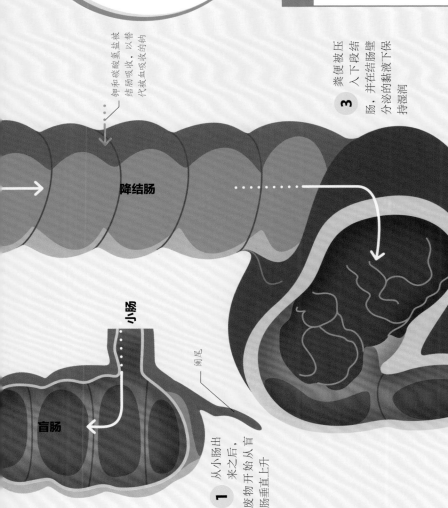

## 为什么我们有阑尾?

阑尾可能是数千年前帮助祖先消化树叶的器官的残余。除了可能作为肠道细菌的安全"避难场所"外，它似乎并没有什么明显的作用。

### 人有三急

当粪便进入直肠时，牵张感受器通过向脊髓发送冲动来触发"需要去厕所"的反射。然后后脊柱发出运动信号命令肛门内括约肌放松。同时，传至大脑的感觉信息使人意识到排便的需要，并且有意识地放松肛门外括约肌。人们排便的频率正常情况为一天三次到三天一次之间。

钾和碳酸氢盐被结肠吸收，以替代被血液吸收的钠

**降结肠**

**小肠**

**盲肠**

阑尾

**直肠**

**肛门**

3 粪便被压入结肠下段，并在结肠壁分泌的黏液下保持湿润

1 从小肠出来之后，废物开始从盲肠垂直上升

4 粪便通过直肠排出。粪便约60%是由细菌组成的，余下的部分是不可消化的纤维。

肛门括约肌包括内括约肌和外括约肌

## 旅程的结束

大肠分为三个主要的部分：收集来自小肠废物的盲肠、吸收营养物质的结肠（升结肠、横结肠和降结肠）以及排出粪便的直肠。其中最大的部分是结肠。细菌便是在此处消化我们所不能消化的淀粉、纤维和糖类的（参见第148～149页）。

# 细菌消化

人体的消化道中有100兆个有益的细菌、病毒和真菌存在，它们共同被称为肠道微生物。这些微生物为人体提供营养，帮助消化，同时也帮助人们抵御有害的微生物（参见第172～173页）。

## 吞入微生物

人在出生时体内就存留了第一批微生物，随后每天都会有微生物进入身体。它们通过鼻子和嘴巴进入胃里，但是胃里的环境太酸，很多微生物无法永久停留在此处。虽然小肠同样也是酸性的，但是很多微生物在进入结肠之前，都能存活足够长时间，因此，小肠在消化过程中起着至关重要的作用。

 人体内的所有**细胞**中，有**90%**都是细菌的细胞，而并不是我们自己的。

## 抗生素

抗生素可以破坏或是减缓细菌的生长，但是抗生素不能区分有害细菌和有益细菌。因此，当服用抗生素时，肠道中的有益微生物也会受到影响。在抗生素治疗开始后，肠道菌群的多样性就开始减少，约11天后到达最小值。在治疗结束后，微生物的数量会很快恢复，但是过度使用抗生素会导致某些微生物遭受永久性的损害。

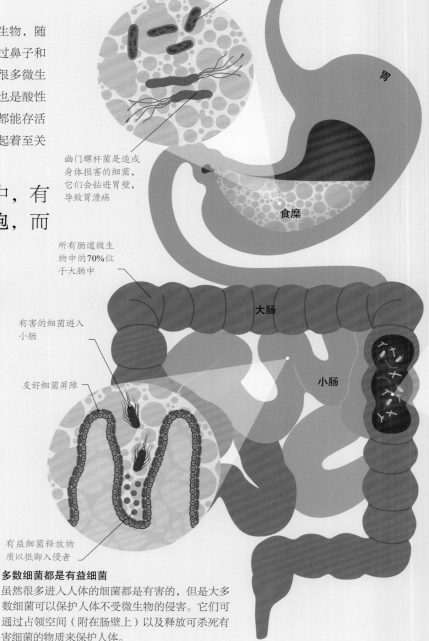

乳酸杆菌是用于益生菌治疗的常见胃部细菌，它们可与引起腹泻的细菌进行"搏斗"，从而缓解腹泻症状

胃

幽门螺杆菌是造成身体损害的细菌，它们会钻进胃壁，导致胃溃疡

食糜

所有肠道微生物中的**70%**位于大肠中

大肠

有害的细菌进入小肠

小肠

友好细菌屏障

有益细菌释放物质以抵御入侵者

**多数细菌都是有益细菌**
虽然很多进入人体的细菌都是有害的，但是大多数细菌可以保护人体不受微生物的侵害。它们可通过占领空间（附在肠壁上）以及释放可杀死有害细菌的物质来保护人体。

## 消化人体所不能消化的物质

　　结肠中的微生物可使用人体不能消化的碳水化合物作为能量来源。它们可发酵纤维，如纤维素，来帮助人体吸收膳食矿物质（如钙和铁，用于产生维生素），以及带来一些其他的好处。而这些微生物自己也可以分泌一些必需的维生素，如维生素K。

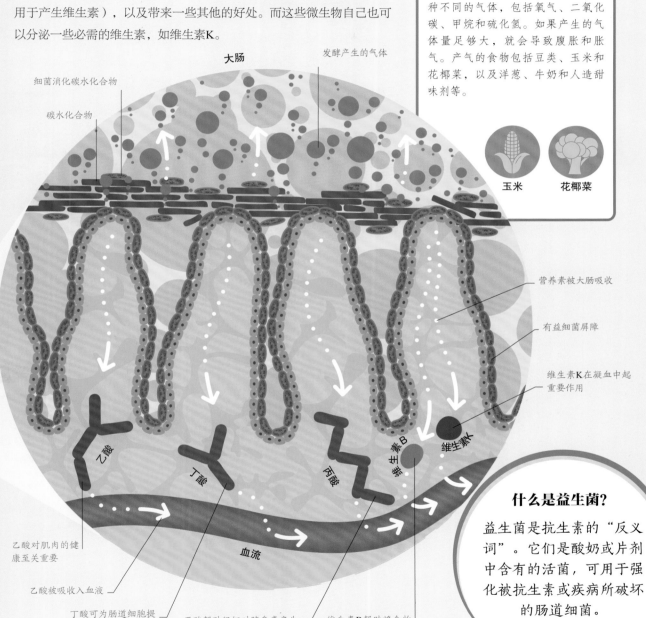

大肠

发酵产生的气体

细菌消化碳水化合物

碳水化合物

营养素被大肠吸收

有益细菌屏障

维生素K在凝血中起重要作用

乙酸

丁酸

丙酸

维生素B

维生素K

血流

乙酸对肌肉的健康至关重要

乙酸被吸收入血液

丁酸可为肠道细胞提供能量

丙酸帮助组织对胰岛素产生应答

维生素B帮助将食物转变成能量

### 什么是益生菌？

益生菌是抗生素的"反义词"。它们是酸奶或片剂中含有的活菌，可用于强化被抗生素或疾病所破坏的肠道细菌。

# 净化血液

当血液通过人体时，会吸收大量的废物和多余的营养物质。如果没有肾脏将这些东西排出体外的话，它们很快就可能威胁生命。

## 泌尿系统

血液流经肾脏需要花费5分钟。血液携带着废物流入肾脏，肾脏上无数个微小的过滤器将血液过滤后，血液被净化，废物便成为尿液。尿液随后流入膀胱，到达一定量时就会产生尿意。尿液的主要组成成分是尿素，后者是一种在肝脏中形成的废物（参见第156～157页）。

整个血液系统一天会被肾脏过滤20～25次

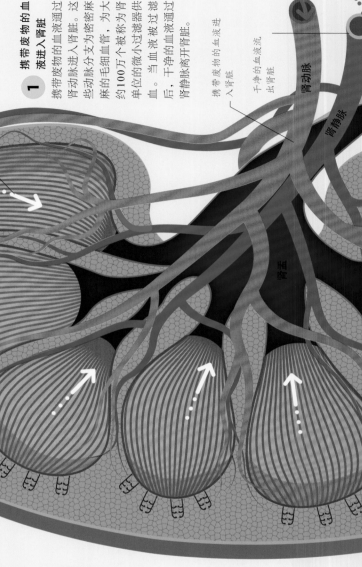

每个肾单位都被固定在肾脏的中间部分，称为肾髓质

废物在肾髓质中以尿液的形式被收集

肾髓质

肾皮质

肾盂

肾静脉

肾动脉

**1 携带废物的血液进入肾脏**

携带废物的血液通过肾动脉进入肾脏。这些动脉分支为密密麻麻的毛细血管。为大约100万个被称为肾单位的微小过滤器供血。当血液被过滤后，干净的血液通过肾静脉离开肾脏。

干净的血液流出肾脏

携带废物的血液进入肾脏

## 肾结石

既然有如此多的废物经过肾脏，即使是最小的矿物质累积起来也能形成一个小石头。这些所谓的"肾结石"可以在不引起任何症状的情况下排出体外，但是还有一些会逐渐变大，从而堵塞输尿管，引起肾结石。引起肾结石的原因包括肥胖、饮食不良和饮水不足。

肾结石

输尿管

肌性的膀胱壁

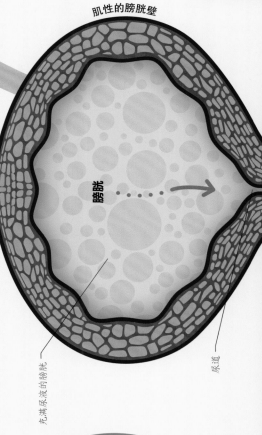

膀胱

无满尿液的膀胱

尿道

**废物**，包括尿素、其他毒素和多余的盐分。随尿液排出体外。

### 3 收集尿液

肾髓质的集尿管与肾盂相连接，并进入一根被称为输尿管的管道。尿液在此处经肾动脉和肾静脉，流入一根被称为输尿管的管道。输尿管将尿液从肾脏与膀胱连接起来。

### 4 废物处理

肌肉的收缩可将尿液沿着输尿管向下挤压。这就是为什么一个人即便躺着的时候尿液也能将膀胱充盈。当膀胱充盈时，其肌肉壁会进一步挤压尿液，但是膀胱底部有一个肌肉环会阻止尿液的流出。学会如何控制肌肉的收缩就可以自由选择何时排尿。

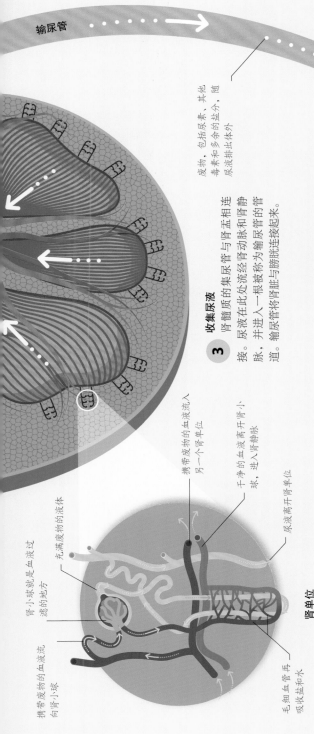

携带废物的血液流向肾小球

肾小球就是血液过滤的地方

无满废物的液体

毛细血管再吸收盐和水

携带废物的血液流入另一个肾单位

干净的血液离开肾小球，进入肾静脉

尿液离开肾单位

**肾单位**

### 2 过滤的过程

当血液流过肾单位时会被强制通过一个叫作肾小球的微型过滤器。肾小球允许许多尿素和其他废物通过，但是血液中的血细胞和有价值的蛋白质则留在肾小球中。在远端，废液首先通过肾脏流经一个长循环，使其中的盐分和水分得以微滤之后，再流入尿液收集管。

## 肾衰竭了怎么办？

如果一个人的肾脏太弱，无法过滤血液，那么可以用透析机来代替肾脏。透析时，病人的血液通过一根管子进入机器，在被清洗和过滤后，血液返回病人的身体。

# 水平衡

血液中水的含量必须保持在一定范围内，否则细胞要么过度收缩（脱水），要么过于肿胀（水分过多）。因此，泌尿系统和循环系统必须协同工作，以使血液中的水分平衡。

## 水分过少

一般情况下，身体不断地、缓慢地流失水分，有时候也会迅速地流失水分，比如出汗、呕吐或是腹泻时。这会同时导致血容量的下降及血液里的盐分升高。所有这些都能触发身体采取某些机制来恢复平衡。

**1 低水量警报**
下丘脑接收到血压低而盐分高的信号后，通过增加抗利尿激素（ADH）的释放对此产生应答。抗利尿激素被输送到脑垂体，再从脑垂体释放入血液。

— 盐分探测器
— 脑垂体
— 抗利尿激素增多

血管上的牵张感受器可提示下丘脑血压下降
血管中水的含量下降

## 水分过多

体内水分过多比脱水要罕见得多。前者可能由运动后大量饮水、药物滥用或疾病引起。水分过多会导致血液的增加，以及血液中的盐分下降。

**1 高水量警报**
下丘脑接收到血压高而盐分低的信号，通过减少抗利尿激素（ADH）的释放对此产生应答。由于抗利尿激素减少，肾脏开始储存水，并增加尿量的排放。

— 盐分探测器
— 脑垂体
— 抗利尿激素减少

血管上的牵张感受器提示下丘脑血压上升
血管中水的含量上升

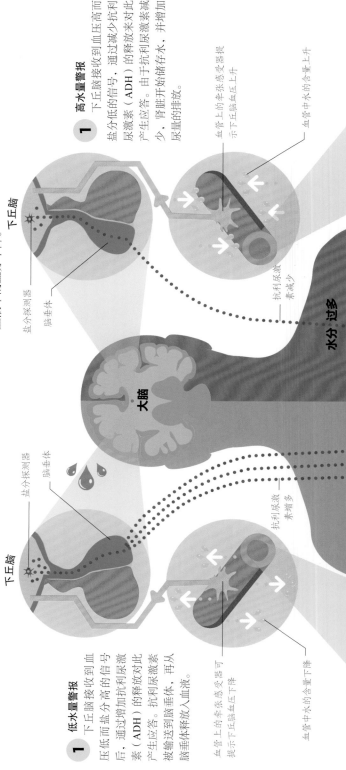

下丘脑
大脑
下丘脑
水分过多

血管

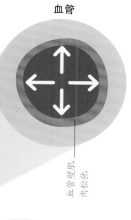

血管壁肌肉松弛

**2 血管扩张**

低水平的抗利尿激素引起血管壁肌肉放松。血管的扩张可尽可能缓冲由水量过多引起的血压升高。

肾脏

肾脏加速"释放"水

**3 水的释放**

抗利尿激素水平下降同时也促使肾脏尽可能减少对水分的再吸收，因此越来越多的水分进入尿液，并通过膀胱排出体外。

**4 稀释的尿液**

当身体尽可能地减少吸收水分时，膀胱迅速充盈，因此，尿液就会更加稀释，其颜色变浅。

"释放水"

输尿管

膀胱

输尿管

"储存水"

尿液

水缺乏

血管壁肌肉收缩

**2 血管收缩**

高水平的抗利尿激素引起血管壁的肌肉收缩，可以在血容量减少的情况下，尽可能将血压恢复至正常范围。

**3 水的再吸收**

抗利尿激素水平升高同时也促使肾脏对水分的再吸收，并尽可能保留住因出汗或呕吐而失去的盐分。

肾脏

肾脏中水的再吸收加速

**4 浓缩尿**

在身体尽可能地保留水分时，膀胱充盈的速度越来越慢。这意味着尿液越来越浓，因此其颜色也更深。

血管

# 肝脏是如何工作的

　　一旦营养物质通过口、胃和肠道进入血液之后，就会被直接送到肝脏。肝脏将这些营养物质分门别类地储存、分解或变成新的东西。任何时候，肝脏都占有身体血供总量的约10%。

## 肝小叶

　　肝脏是由成千上万个被称为肝小叶的微小加工厂组成的。在每个肝小叶中，又包含数千个被称为肝细胞的化学处理器。肝细胞由Kupffer细胞和星状细胞支撑，负责执行肝脏的全部工作。每个肝小叶都是六边形的，含有一个中央流出静脉。肝小叶的每个角都支持两条流入血管及一条向外输出胆汁的管道。

**物质在肝脏的进进出出**
血液从两个方向到达肝脏，然后肝脏通过肝静脉输出血液，并通过胆管输出胆汁。

····➤　从小肠来的血液

····➤　从心脏来的血液

····➤　输送至心脏的血液

····➤　输送至胆囊的胆汁

肝脏

肝小叶

切成两半的小叶

### 双重血供

　　在所有脏器中，肝脏的一个独特之处在于它有两条血液供应通道。与其他器官相比，肝脏接收来自心脏的含氧血液，由此获得能量，但同时肝脏也接收来自肠道的血液，并对其进行净化、储存和处理。

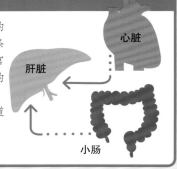

心脏

肝脏

小肠

肝静脉

肝门静脉

肝小动脉

肝小动脉

肝门静脉

**1　营养物质进入**
　　肝小叶的每一个角都接收来自肝门静脉分支的营养丰富的血液，这些血液来自小肠，而这条通路称为门静脉通路。此外，肝脏还接收来自肝动脉分支的富氧血液，这些血液来自心脏，而这条通路称为肝小动脉通路。

人 (图标)

**3** 营养物质从肝脏出去
当血液在肝脏处被处理后，便从肝脏的中心静脉流出，向心脏、肺再到心脏并最终到达肾脏，由肾脏将其中的毒素通过尿液排出体外。

Kupffer细胞去除细菌、碎片和陈旧的红细胞

小叶间静脉

微胆管将胆汁输送到胆管

**肝脏的工作速度有多快？**

肝脏每分钟能过滤1.4升（2.5品脱）血。同时，肝脏每天能制造1升（1.75品脱）胆汁。

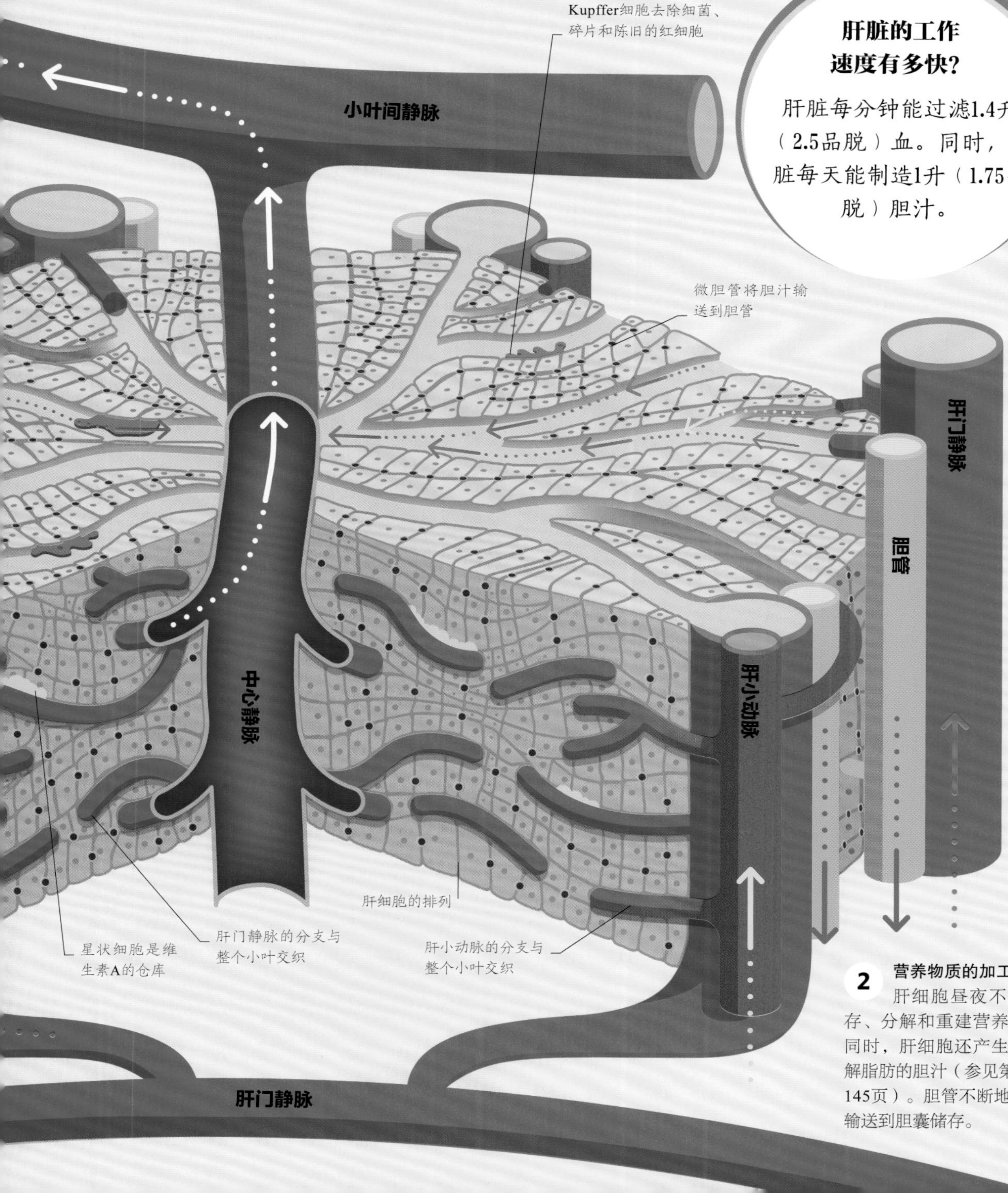

肝门静脉

胆管

肝小动脉

中心静脉

星状细胞是维生素A的仓库

肝门静脉的分支与整个小叶交织

肝细胞的排列

肝小动脉的分支与整个小叶交织

**2** 营养物质的加工
肝细胞昼夜不停地储存、分解和重建营养物质。同时，肝细胞还产生用于分解脂肪的胆汁（参见第144～145页）。胆管不断地将胆汁输送到胆囊储存。

肝门静脉

# 肝脏的功能

对于肝脏最好的理解，就是把它当作一个"工厂"——含有三个主要部门的加工厂。这三个主要部门分别是：加工部门、制造部门和储存部门。这个加工厂的原材料是在消化过程中由血液吸收的营养物质，而这些原材料被送往哪个部门则是由身体的优先顺序来决定的。

## 肝脏还能做什么?

肝脏产生血凝蛋白，确保人体在受伤时可以止住血液外流。因此，肝脏不健康的人很容易出血。

**碳水化合物中的葡萄糖**
肝脏中可进行糖原分解的过程。当身体缺乏能量时，肝脏可通过分解碳水化合物产生葡萄糖。

## 加工

肝脏的大部分时间都用于处理营养物质，包括确保营养物质准确无误地被送到身体各处，并且在需要的时候提供营养支持。最重要的是，肝脏这样做，也有助于排出有毒物质。

**代谢脂肪**
过量的碳水化合物和蛋白质被转化为脂肪酸，并释放到血液中，以获取能量。当葡萄糖耗尽时，这个过程变得至关重要。

**净化血液（解毒）**
肝脏将植物中的污染物、细菌和防御性化学物质转化为不太危险的化合物，并送到肾脏处，以排出体外。

## 再生器官

与身体的其他器官不同（那些器官受到损伤就在损伤处产生瘢痕组织，而不会再生），肝脏在其需要的时候可以再生出新的肝细胞。肝脏的这个特点对人来说是十分幸运的，因为肝脏不断地受到不健康的、有毒的化学物质的损害。这些化学物质（同时也包括一些用于治疗的药物）常常会对肝脏造成损伤，但是肝脏可以通过肝细胞的再生来恢复其功能及形态。令人难以置信的是，即便被切掉75%的体积，肝脏仍然能完全恢复到原来的大小，而且就在几周之内。

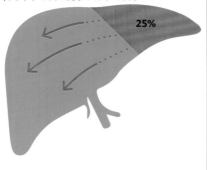

25%

## 产生胆汁

肝脏不断产生胆汁，并将其送到胆囊储存。胆汁是以血红蛋白为原材料的，而血红蛋白又是从旧的红细胞的分解过程中释放出来的。

## 分泌激素

肝脏至少可以分泌三种激素，因此，可以算作内分泌系统的主要成员（参见第190～191页）。肝脏产生的激素可以刺激细胞生长、促进骨髓的生成以及帮助控制血压。

## 生产制造

肝脏是身体的一个主要制造中心，可以将简单的营养物质转化为多种其他物质，包括化学信使（激素）、身体组织成分（蛋白质）以及重要的消化液（胆汁）。由于肝脏总是如此"不遗余力地劳作"，它同时还能产生另一种珍贵的产品，也就是大量的热量。

## 蛋白质合成

肝脏可产生许多蛋白质，然后将其分泌到血液中，尤其是当我们的膳食中缺少某些类型的氨基酸（蛋白质的原材料）时。

## 储存维生素

肝脏可以储存可够2年使用的维生素A，这对免疫系统来说是至关重要的。此外，肝脏中还储存着维生素$B_{12}$、维生素D、维生素E和维生素K，以备不时之需。

## 储存

肝脏中储存着大量的物质，主要包括维生素、矿物质和糖原。糖原是葡萄糖的储存形式。这使得身体即便在几天或数周不进食的情况下也能够存活下来，并且确保任何膳食营养素的短缺都能很快得到纠正。

## 储存矿物质

肝脏中储存着两种重要的矿物质：铁和铜。铁可以携带氧气通过全身；而铜可以维持免疫系统的健康。此外，铜也可被用来制造红细胞。

肝脏总共具有约**500**种化学功能

## 储存糖原

肝脏以糖原的形式储存能量。当身体能量耗尽时（参见第158～159页），肝脏将糖原转化为葡萄糖，并释放入血液。

## 肝脏受损

在身体的所有器官中，肝脏的独特之处在于其可以再生。然而，如果反复暴露于有害的物质，如酒精、药物或病毒时，肝脏最终会受到损害。这种情况发生于肝脏被毒素淹没而一直没有机会再生的时候。在这种紧张的状态下，肝脏最终被瘢痕化，也就是一种被称为肝硬化的状态。肝硬化的一个常见原因是饮酒过多。

# 能量平衡

大多数人体细胞都是用葡萄糖或脂肪酸作为能量来源的。为了保持这些能量的正常供应，身体不断地在吸收能量（通过进食）和释放能量（之后又感觉到饥饿）之间交替。在理想状态下，这个循环每隔几小时就重复一次。

## "罐装"

葡萄糖和脂肪酸通过食物进入身体。当血糖水平升高时，胰腺释放胰岛素，以使肌肉、脂肪和肝细胞吸收和储存葡萄糖以及脂肪酸作为未来的能量。

含糖多的食物

## 脂肪可以使人变胖吗？

只有吃含糖食物或碳水化合物时，我们才会变胖。这些食物中含有葡萄糖，可以使身体将其作为营养物质来储存，从而增加体重。

大量的糖分子提示饭后血糖水平高

脂肪酸分子

葡萄糖分子

脂肪酸被储存在脂肪细胞中

**3 储存多余的葡萄糖**
大多数脂肪酸储存在作为能量仓库的脂肪细胞中。同时，脂肪细胞也可以吸收多余的葡萄糖，并将其转化为脂肪酸分子。

多余的葡萄糖被送到脂肪细胞中储存

吸收！

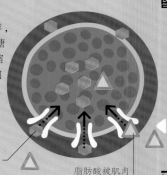

**2 肌肉燃烧葡萄糖**
与其他细胞一样，肌肉细胞也可以将葡萄糖转化为能量，为其收缩提供动力。此外，肌肉细胞还可以吸收脂肪酸。因此，当葡萄糖水平较低时，肌肉细胞会转而燃烧脂肪酸。

葡萄糖被肌肉细胞吸收

脂肪酸被肌肉细胞吸收

吸收！

**1 发出"吸收！"信号**
饭后，胰腺检测到血液中糖分含量高。作为应答，胰腺释放出胰岛素，并在血液中循环。如此，就使身体各个细胞开放并接收营养素，其中最主要的营养素是作为所有细胞能量来源的葡萄糖。

**胰腺**

## 燃烧燃料

当身体的细胞开始吸收营养物质时，血糖的水平开始下降。除非有更多的物质被消化，否则血糖的水平会下降至一个点（值），在这个点上，身体通过燃烧脂肪而不是葡萄糖来获取能量。同样，这个过程也是由胰腺组织实施的。

糖分子稀少提示血糖水平低

肌肉细胞开始燃烧脂肪酸

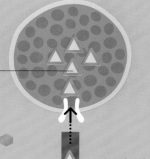

**3 肌肉细胞燃烧脂肪酸**
在这里，肌肉细胞从脂肪细胞中接收脂肪酸，并将它们分解成能量。

脂肪酸释放入血液

**2 脂肪被送至肌肉**
胰高血糖素也可指示脂肪细胞将其储存的脂肪酸释放入血液，然后这些脂肪酸就可以作为其他细胞的能量来源。

燃烧！

燃烧！

## 能量供应及能量需求

食物的能量是以卡路里来计量的。牛排中约有500卡路里的热量，相当于一大包薯片或是10个苹果的热量。人在休息时每天需要1800卡路里热量来维持体重，人体吸收的卡路里无论多了或少了都会使天平倾斜。

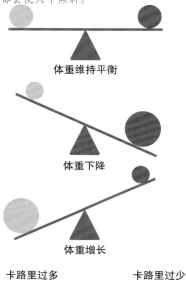

体重维持平衡

体重下降

体重增长

卡路里过多　　　　卡路里过少

**1 发出"燃烧！"信号**
在进食几个小时后，胰腺中的特殊细胞检测到血糖水平的下降。于是，胰腺又释放胰高血糖素进入血液，并使肝脏将其储存的葡萄糖释放入血液（参见第154~155页）。

胰腺

# 糖的"陷阱"

单位卡路里所包含的能量都是相等的。但是卡路里的来源，如脂肪、蛋白质或碳水化合物，决定了其在体内被使用的方式。一些食物能提供稳定的能量来源，而另一些食物则导致体内激素迅速变化，就像过山车一样。

### 卡路里有害吗？

卡路里是指身体通过进食所获得的能量。所以卡路里不是有害的，因为我们的生存需要能量。但是如果摄入太多卡路里，身体就会把这些多余的卡路里作为脂肪储存起来。

## 一直存在的胰岛素

食物迅速转化为糖会导致血糖水平升高（参见第158页）。胰岛素可对此做出迅速的应答，导致血糖水平下降。即使身体的血糖水平较低，血液中仍然会有胰岛素阻止脂肪燃烧，因此，身体会感觉疲劳，并想要获取更多的糖。

> **升高和下降**
> 血糖的峰值和低值、胰岛素水平的平稳上升和下降均是在早晨进餐前后进行追踪的。
> ➜ 血糖
> ➜ 胰岛素

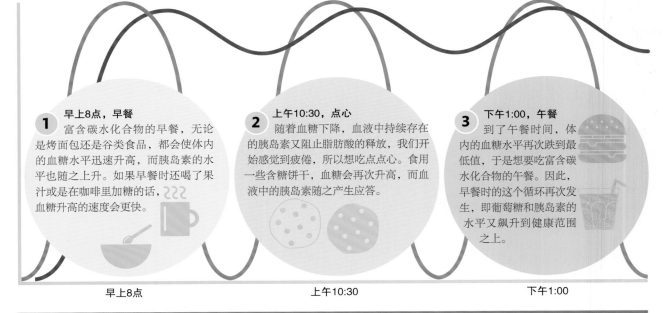

**1** 早上8点，早餐
富含碳水化合物的早餐，无论是烤面包还是谷类食品，都会使体内的血糖水平迅速升高，而胰岛素的水平也随之上升。如果早餐时还喝了果汁或是在咖啡里加糖的话，血糖升高的速度会更快。

**2** 上午10:30，点心
随着血糖下降，血液中持续存在的胰岛素又阻止脂肪酸的释放，我们开始感觉到疲倦，所以想吃点点心。食用一些含糖饼干，血糖会再次升高，而血液中的胰岛素随之产生应答。

**3** 下午1:00，午餐
到了午餐时间，体内的血糖水平再次跌到最低值，于是想要吃富含碳水化合物的午餐。因此，早餐时的这个循环再次发生，即葡萄糖和胰岛素的水平又飙升到健康范围之上。

早上8点　　　上午10:30　　　下午1:00

## 增重

吸收过多的糖会导致体重很快增加，而超重会严重影响健康。这些影响包括胰岛素敏感性、胰岛素抵抗、2型糖尿病（参见第201页）、心脏病、某些类型的癌症，以及中风等。为了避免肥胖，将胰岛素保持在低水平是至关重要的，而降低胰岛素水平的一个办法就是低碳水化合物膳食。

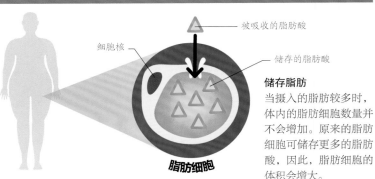

被吸收的脂肪酸
细胞核
储存的脂肪酸

**储存脂肪**
当摄入的脂肪较多时，体内的脂肪细胞数量并不会增加。原来的脂肪细胞可储存更多的脂肪酸，因此，脂肪细胞的体积会增大。

**脂肪细胞**

## 低碳水化合物膳食

一个比较流行的（可能具有争议）避免摄入过多糖的办法是限制我们摄入的碳水化合物，因为后者可以被分解为葡萄糖并作为脂肪储存在体内。通过低碳水化合物的膳食，可以避免葡萄糖和胰岛素水平在体内忽高忽低，停止摄入糖和增加脂肪储存。将葡萄糖和胰岛素保持在一个健康的范围，可以使脂肪成为能量来源，而不是依赖葡萄糖。

### 高蛋白膳食

为了减少碳水化合物，一些膳食促进者建议从蛋白质和健康的脂肪中获取热量。可以分阶段膳食，以训练身体开始燃烧脂肪，少依赖碳水化合物。

现在普遍认为**糖**比可卡因更容易上瘾

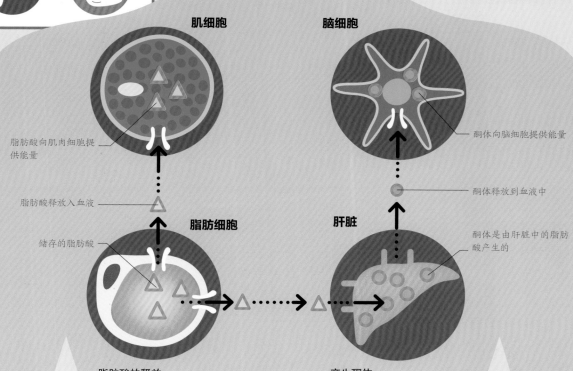

**肌细胞**

脂肪酸向肌肉细胞提供能量

脂肪酸释放入血液

**脑细胞**

酮体向脑细胞提供能量

酮体释放到血液中

**脂肪细胞**

储存的脂肪酸

**肝脏**

酮体是由肝脏中的脂肪酸产生的

**脂肪酸的释放**
当血糖维持在健康水平时，胰岛素的水平维持在较低的水平。这样就允许脂肪细胞释放脂肪酸，否则这个过程会被胰岛素抑制（如果胰岛素水平较高的话）。

**产生酮体**
与其他组织不同，大脑不能使用脂肪酸作为能量来源。因此，当血糖较低时，肝脏开始将脂肪酸转化为酮体，作为脑细胞的能量来源。

# 盛宴还是斋戒？

当今最流行的两种饮食方式根本不计算热量。一种是旧石器时代饮食，沿用祖先的饮食方式，摒弃高度加工过的食品。而另一种是间歇性禁食，采取"盛宴和禁食"的方式，更侧重于规定何时才能吃东西，而不是吃什么东西。

## 回到本原

旧石器时代饮食方式背后的理论是，我们的身体还没有进化到可以消耗那些在超市里大量售卖的、高度加工过的、富含糖和碳水化合物的食物。这种膳食方式推崇那些早在1万年前、在农耕业还没有出现的时候，依靠狩猎采集生存的人类祖先就已经开始食用的食物，但是这种膳食行为并不要求人们重新回到洞穴中去。我们已经习惯从奶制品中获取钙源，如不能找到富含钙的替代品，就会面临缺钙的危险。

**蔬菜**

**蛋类**

**水果**

**狩猎和采集食物**
水果、蔬菜、坚果和种子类食品是旧石器时代饮食计划的一部分。这种膳食推崇食用优质蛋白质，包括鸡蛋、野生鱼和牧草喂养的家畜的肉类（比谷物喂养的家畜的肉类更有营养价值）。

**肉类**

**坚果和种子**

## 间歇性禁食

间歇性禁食背后的理论是定期禁食。在此期间，身体可从储存的脂肪中获取所需的能量。但是这样的禁食不会持续太长时间，不会导致肌肉蛋白分解，为机体供能。间歇性禁食的方法主要有两种：16∶8法和5∶2法。

### 16∶8法
这种膳食的追随者每天进食的时间为8小时（比如，从正午到晚上8点）。其余的16小时则禁食（完全不摄入任何食物），幸运的是这16小时的大多数时间里人都在睡觉，使得这种膳食行为更容易管理和接受。

**要点** ▮ 进食 ▮ 禁食

| 星期一 | 星期二 | 星期三 | 星期四 |
| --- | --- | --- | --- |
| 星期五 | 星期六 | 星期天 | |

禁食的日子

### 5∶2法
这种膳食方式限制人在一周的两天时间，每天只能摄入大约500卡路里（大约一顿饭）的热量。而在这一周的其他五天，可以（在合理范围内）想吃多少吃多少。

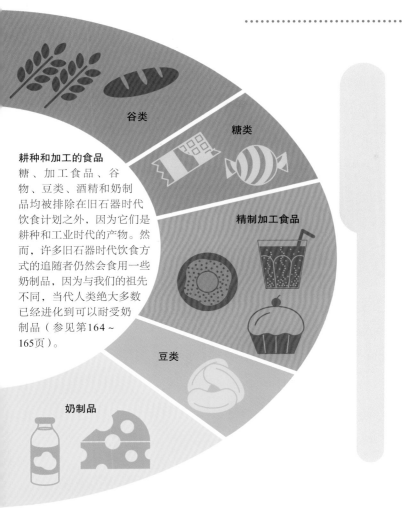

谷类

糖类

精制加工食品

豆类

奶制品

**耕种和加工的食品**

糖、加工食品、谷物、豆类、酒精和奶制品均被排除在旧石器时代饮食计划之外，因为它们是耕种和工业时代的产物。然而，许多旧石器时代饮食方式的追随者仍然会食用一些奶制品，因为与我们的祖先不同，当代人类绝大多数已经进化到可以耐受奶制品（参见第164~165页）。

世界上三分之一的成年人体内已经可以产生消化乳糖的酶

## 血糖指数

血糖指数（GI）是指含碳水化合物类食物升高血糖水平速度的一种测量办法。食物的GI越低，则其能影响血糖水平的程度越低。旧石器时代饮食方式的吸引力在于其倾向于食用低GI食物。

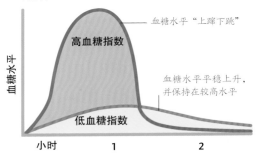

血糖水平"上蹿下跳"

高血糖指数

血糖水平平稳上升，并保持在较高水平

低血糖指数

血糖水平（纵轴）

小时　　1　　2

**血糖水平**

高血糖指数食物能迅速增加血糖水平，随后又迅速下降，使人感到饥饿。低血糖指数食物逐渐增加人的血糖水平，使人感觉到饱胀的时间更长。

## 自然的脂肪燃烧

当身体在自然燃烧脂肪时进行运动，其运动效果可能会更好。比如，早餐前跑步的好处是，身体经过一整晚的禁食，已经开始燃烧脂肪，这样就可以增加跑步的效果。而如果在晚上跑步，更可能燃烧的是当天所摄入食物中的糖分。因此，通常来讲，晨练对减肥更有效。

**进食状态**

糖

脂肪

肌肉

**禁食状态**

脂肪

肌肉

**晚上**
进食后，体内的葡萄糖可为身体提供3~5小时的能量供应。

**早晨**
一旦葡萄糖用完，身体就开始将储存的脂肪作为能量供应来源。

## 大脑的健康

已有证据表明禁食能改善大脑的健康。尤其是间歇性禁食，可使神经元处于轻微的压力下，就像肌肉在运动时受到的压力一样。这种压力可以促使化学物质的释放，有助于神经元的生长和维持。

**禁食的大脑**

神经元

# 消化系统疾病

消化系统疾病包括进食后的暂时性不适到持续终生的疾病。在大多数情况下，治疗方法很简单，仅仅是避免摄入可引起不适症状的食物。

## 乳糖不耐受

许多成年人缺乏可分解乳糖（牛奶中所含的糖）的乳糖酶。所有健康的婴儿体内都有乳糖酶，但是绝大多数人在断奶后都会停止产生这种酶。世界上约35%的人群会发生一种使他们成年后也能产生乳糖酶的基因突变。

### 谁能耐受乳糖？

具有悠久乳业历史的国家的人们往往直到成年后仍能适应饮用牛奶。这些国家大多数都在欧洲。

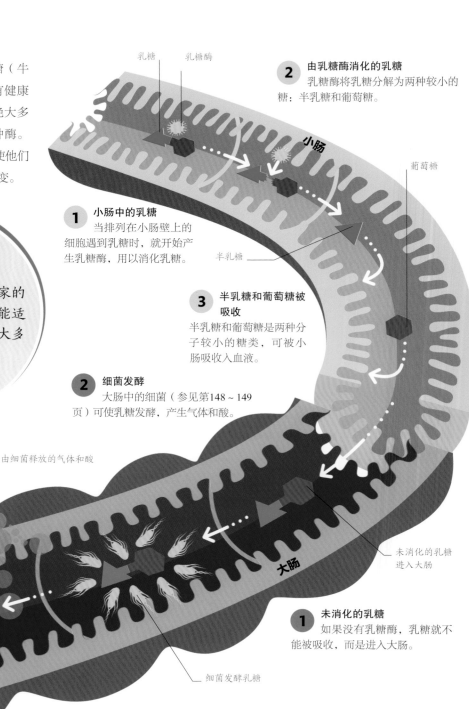

乳糖　乳糖酶

**2 由乳糖酶消化的乳糖**
乳糖酶将乳糖分解为两种较小的糖：半乳糖和葡萄糖。

小肠

葡萄糖

**1 小肠中的乳糖**
当排列在小肠壁上的细胞遇到乳糖时，就开始产生乳糖酶，用以消化乳糖。

半乳糖

**3 半乳糖和葡萄糖被吸收**
半乳糖和葡萄糖是两种分子较小的糖类，可被小肠吸收入血液。

**2 细菌发酵**
大肠中的细菌（参见第148～149页）可使乳糖发酵，产生气体和酸。

**3 肠道不适**
发酵产生的气体可引起肠胀气和不适感，而发酵产生的酸可将水引入肠道，导致腹泻。

由细菌释放的气体和酸

大肠

未消化的乳糖进入大肠

**1 未消化的乳糖**
如果没有乳糖酶，乳糖就不能被吸收，而是进入大肠。

细菌发酵乳糖

## 肠易激综合征

肠易激综合征（IBS）是一种长期的症状，可引起胃痉挛、腹胀、腹泻和便秘。这种症状的原因尚不清楚，但可能是由于压力、生活方式和某些类型的食物所引起的。

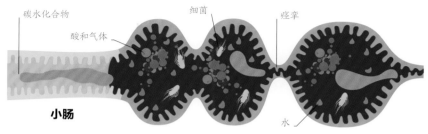

碳水化合物
酸和气体
细菌
痉挛
小肠
大肠
水

**1 细菌发酵**
未被完全吸收的碳水化合物可能会增加肠道中的水含量。一旦进入大肠，这些碳水化合物就被细菌发酵，产生酸和气体。

**2 肠道痉挛**
肠易激综合征可引起肠道痉挛，阻止废物和气体通过；或者也可以导致废物迅速通过，阻止水的再吸收并引起腹泻。

### 呕吐

避免消化系统出现问题的一种办法是呕吐。当进食腐烂或有毒的东西时，胃、膈肌和腹肌都收缩，迫使食物通过食管，并从口腔排出。

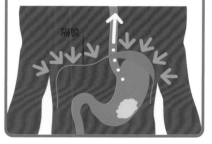

隔膜

## 麦胶（俗称面筋）不耐受

许多人在吃麦胶（一种在谷物，如小麦、大麦和黑麦中发现的蛋白质）时会出现腹痛、疲劳、头痛甚至四肢麻木。这些均是多种麦胶相关性疾病（从麦胶敏感到乳糜泻）的症状表现。

黑麦面包　啤酒　意大利面

**麦胶敏感**
麦胶敏感的症状包括嗜睡、精神疲劳、抽筋和腹泻，只有避免食入所有麦胶类食物，包括黑麦面包、啤酒和意大利面等等，才能治愈。幸运的是，麦胶敏感并不会像乳糜泻那样对肠道造成损害。

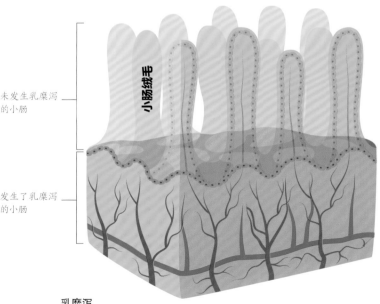

小肠绒毛
未发生乳糜泻的小肠
发生了乳糜泻的小肠

**乳糜泻**
乳糜泻是一种严重的遗传性疾病。当食入麦胶类食物时，机体的免疫系统会发生自我攻击。这种免疫反应会对小肠的内壁造成损害，从而抑制营养物质的吸收。如果不加以治疗，乳糜泻可完全破坏小肠内壁的小指状突起（小肠绒毛）。

# 良好的身体
# 状态和健康

# 身体的战场

人体每天都会遭受大量"掠夺性"入侵者的袭击，因为我们的身体对它们来说是一个理想的生活和繁殖场所。与这些入侵者进行对抗的则是身体的防御行为。任何突破外部屏障进入身体的有害微生物或病原体，都能在其感染的部位引起迅速、局部的反应。如果一道屏障不管用，下一道屏障就会采取行动了。

## 入侵者

细菌和病毒是人类疾病的主要致病原因。寄生动物、真菌和毒素也能刺激免疫系统发挥作用。所有这些微生物都在不断地适应和进化，以寻找新的方法来躲避免疫系统的监测和破坏。

### 真菌
大多数真菌都是不危险的，但是有些真菌可能会危害健康。

### 寄生动物
寄生动物生存于人的体表或体内，并可能携带其他病原体进入宿主（人体）。

### 细菌
微小的单细胞有机体可通过进食、呼吸或皮肤的破损口进入体内。

### 病毒
病毒依靠其他活体细胞进行繁殖，并可以长期潜伏在宿主细胞内。

### 毒物
毒物能引起疾病或对人体造成致死性的影响。

### 分泌物
黏液、眼泪、油脂、唾液和胃酸等可以诱捕病原体，或是用酶来分解病原体。

### 补体蛋白
在人类的血液中有多达30种不同的蛋白。可以通过对病原体进行标记，以精确破坏病原体或使病原体破裂，来提高免疫反应。

### 树突细胞

这些吞噬细胞（微生物吞噬者）可吞噬病原体，并在促使B细胞和T细胞发挥作用方面起着至关重要的作用。

## 屏障

上皮细胞是人体对抗病原体的主要物理防御。这些细胞紧密地包裹在一起，阻止任何东西入侵。它们同时可以分泌液体，作为进一步抵御病原体的屏障。

上皮细胞

分泌物

### 上皮

上皮细胞可以形成皮肤以及身体所有开口的膜，包括嘴、鼻子、食管和膀胱。

# 前线部队

突破身体屏障进入人体的病原体首先会遇到来自天然免疫系统的即刻应答。天然免疫系统是一组细胞和蛋白质，可对来自受损或感染应激细胞的报警信号产生应答。其中一些靶向及标记入侵的有机体，以破坏它们，而另一些（吞噬细胞）则将病原体吞噬掉。

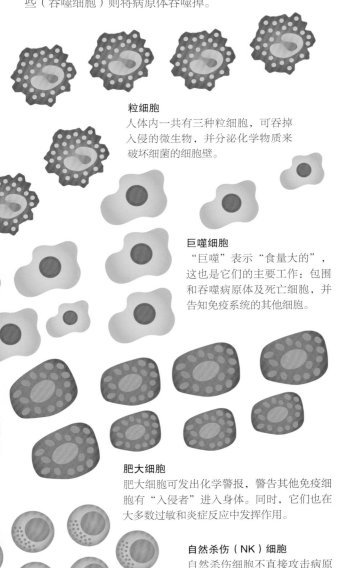

### 粒细胞
人体内一共有三种粒细胞，可吞掉入侵的微生物，并分泌化学物质来破坏细菌的细胞壁。

### 巨噬细胞
"巨噬"表示"食量大的"，这也是它们的主要工作：包围和吞噬病原体及死亡细胞，并告知免疫系统的其他细胞。

### 肥大细胞
肥大细胞可发出化学警报，警告其他免疫细胞有"入侵者"进入身体。同时，它们也在大多数过敏和炎症反应中发挥作用。

### 自然杀伤（NK）细胞
自然杀伤细胞不直接攻击病原体，而是攻击已经受到感染的细胞，导致这些细胞的自然凋亡（参见第15页）。

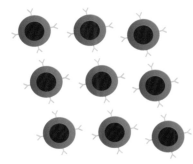

## 免疫系统能对多少种感染病产生应答？

有人认为，仅仅是B细胞就能产生足够的抗体来对付10亿种不同的病原体。

# "杀手骑兵"

如果第一道屏障没有在12小时内控制住感染，那么适应性免疫系统就开始行动了。这个系统对先前接触过的病原体仍然存在记忆，可以发起一个特定的、有针对性的攻击。

### B细胞
B细胞是一种特殊类型的细胞，可根据特定病原体产生与之对应的抗体。B细胞可以快速反应做出应答。

### 抗体
抗体是由B细胞产生的Y型蛋白。它们可黏附在病原体表面，并对其进行标记，以供吞噬细胞破坏病原体。

### T细胞
T细胞，可直接攻击感染或癌变的细胞，并促使吞噬细胞"吃掉"病原体。某些T细胞还可以刺激B细胞产生抗体。

# 朋友还是敌人？

免疫系统必须将侵入身体的有害病原体和人体自身的细胞以及友好的微生物区分开来。换句话说，也就是分清楚谁是朋友，谁是敌人。人体可将免疫能力最强的B细胞和T细胞识别为自身细胞，以防止它们攻击人体自身。

## 自己人和非自己人

人体内的每一个细胞表面都有一群独特的分子，其主要功能是显示由自身和友好的微生物制造的蛋白质片段，以便免疫系统接受它们，并把它们当作"自己人"。

抗原（每个人身上的抗原都是独一无二的）覆盖在这个体细胞表面

所有的抗原都有一个特征形状，称为抗原决定基

**体细胞**

**外来细胞**

### 自身耐受（性）

所有的体细胞都携带有显示"自己人"的表面标记蛋白或抗原，可允许它们与身体的其他细胞和谐相处。如果免疫系统丧失了识别自我标记的能力，则可能会导致自身免疫性疾病。

### "非自己人"标记

外来细胞携带有它们自身的表面标记蛋白，从而可以触发免疫反应。即使是人食入的蛋白质也可能被识别为外来物，除非它们首先被消化系统分解。

### 移植

在器官移植之前，首先要检查受体与供体之间的组织相容性。因为如果二者不匹配，则受体的免疫系统可能会攻击供体的组织并对其造成破坏。同时，接受移植者可能不得不服用免疫抑制剂药物，以尽可能减少这种并发症。

### 出发点

B细胞（可产生抗体，来杀死入侵的病原体，参见第178～179页）及T细胞（可直接杀死入侵的病原体，参见第180～181页）是从骨髓中的造血干细胞分裂分化而来的。

**1 骨髓**

B细胞在骨髓中发育成熟并被"测试"。任何可与骨髓中自身蛋白结合的B细胞都会失活并凋亡致死（参见第15页）。

**骨**

**B细胞**

B细胞受体

**2 B细胞**

如果B细胞通过了自身的"测试"，就会从骨髓中被释放入淋巴系统。淋巴系统是一个与血管平行分布的网络，其内携带着遍布全身的免疫细胞。

只有2%的T细胞能通过测试，余下的T细胞则因其可能对人自身进行攻击而提前被破坏掉了！

## 同卵双胞胎有相同的免疫系统吗？

没有。每个人所处的生活环境塑造了每个人独特的免疫力。

## 未通过测试的T/B细胞会被破坏掉

当免疫系统的T细胞和B细胞形成时，可产生随机的受体，并将它们置于自身细胞的表面。因为这个过程是随机的，所以这些受体可能会牢固地与"自己人"或友好的抗原相结合。因此，这些细胞在被释放入血液之前会经过严格的测试，那些会与自身蛋白结合的细胞直接被摧毁掉。

豆状的淋巴结多位于腋窝和腹股沟中，是B细胞、T细胞和其他免疫细胞的储存场所

淋巴结

T细胞
B细胞
其他免疫细胞

**1 胸腺**
T细胞到达胸腺（位于心脏前方的特殊的淋巴腺体）并于胸腺内发育成熟。T细胞受体被测试，以确保它们不与自身的蛋白形成牢固的结合。

胸腺

T细胞受体

T细胞

**2 T细胞**
成熟的T细胞被释放入淋巴结和血液中。调节性T细胞是一种可对其他T细胞的自我耐受性提供额外检查的亚型。

**目的地**
如果体内循环中存在入侵的病原体，则它们最终会通过含有T细胞和B细胞的淋巴结。当这两种免疫细胞遇到与它们的受体相匹配的外来抗原时，就被激活了。

## 组织相容性

组织相容性测试用于检测受体的免疫系统攻击供体组织的可能性。红细胞表面还携带着其特有的自我标记，称为血型。血型共有两个系统，一个是ABO血型系统，一个是Rh血型系统。这两种血型系统均可提示不同受体对来自不同献血人群的免疫反应。比如，如果向O型血患者输入任何其他血型的血液，都会产生免疫反应，因为O型血患者体内同时含有抗A抗体和抗B抗体。

**A型血**
A型血的人红细胞表面携带A抗原，而血浆中含抗B抗体。

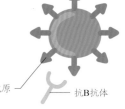

A抗原 — 抗B抗体

**B型血**
B型血的人红细胞表面携带B抗原，而血浆中含抗A抗体。

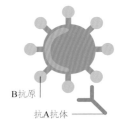

B抗原 — 抗A抗体

**AB型血**
AB型血的人红细胞表面同时携带A抗原和B抗原，而血浆中既没有抗A抗体，也没有抗B抗体。

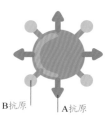

B抗原 — A抗原

**O型血**
O型血的人红细胞表面既没有A抗原，也没有B抗原，而血浆中则同时含抗A抗体和抗B抗体。

抗B抗体 — 抗A抗体

# 体内和体表的微生物

有一群微生物生活在人体内和体表，与人和平共处，并帮助人们保持健康。这些微生物绝大多数是细菌和真菌，主要通过吃掉死细胞来保持皮肤的健康以及帮助消化等。

## 不同的身体部位生活着不同的细菌类型

正如可以围绕着一个特定的环境资源建造起城镇来一样，不同的微生物也聚集在身体的不同区域。例如，皮肤上微生物在汗腺和毛囊中的分布最为丰富，因为在这些地方它们更容易找到赖以生存的营养物质。身体每一个区域的微生物，比如潮湿、干燥、酸性环境，决定了在这个特定生活区域的微生物类型。皮肤上微生物的种类是最多样化的，而在油性的背部生活的微生物的种类也与相对干燥的前胸的不同。

### 我们是"珍稀野生物种"的"栖息地"吗？

答案是：很可能。在一项对90个人的肚脐的研究中，研究人员发现了1400种以前从未在人体发现过的细菌，其中一些是科学上的新发现。

---

鼻子

通过空气传播的微生物，增加了鼻腔微生物种群的多样性

在腔中至少有600多种不同类型的微生物种群

口腔

细菌从皮肤迁移到乳腺中，并可通过乳汁传给婴儿

乳腺

肚脐

肠道

生殖器

前臂

手

与皮肤其他任何部位相比，前臂所含的微生物种类是最多的，因为它经常与外界接触

友好的微生物可产生化学物质，来抑制男性和女性生殖器部位有害病原体的生长

肠道内的种类相对较少，但却是迄今为止人体微生物数量最多的部位

随着每一次接触一次物体以及每一次洗手，手上的微生物种群都会改变

肚脐是罕见微生物种群的理想家园。这些微生物通常喜欢干燥、无油的场所

细菌以汗液为食物，并把汗液变臭

腋窝

皮肤上含有大量的微生物，但是大多数都无害的

膝盖后方是天然的潮湿、温暖地带，这里主要寄居着习惯温暖、潮湿环境的微生物种群

脚底的微生物以真菌为主，这里大约有100种真菌在阴凉、潮湿的环境中茁壮成长

**人体微生物的数量**

人体微生物的数量细胞的数量与人体细胞的数量之比约为10：1

皮肤

膝盖后方

脚底

## 有益的微生物

科学家一步步揭示了存在于人体内的微生物菌群的不同类型，以及这些微生物的诸多益处。这些益处中，有些是直接的，比如吃掉死皮或改变化学环境，来阻止有害微生物的生长。而另一些则不那么明显，比如有些肠道细菌通过减少发生炎症的发生来对免疫系统起到镇静的作用。有些药物，如抗生素，也可能对体内的微生物产生灭顶性的影响，因为它们在消灭"坏"的微生物的同时，也会消灭"好"的微生物。

**快乐的菌群=健康的肠道**

正确的膳食有助于有益细菌的生长。这些细菌产生的膳食产生的化学物质可以抑制肠道中的炎症，后者若不加以控制，则会导致有害的细菌穿透肠壁。

细菌

免疫细胞不再触发炎症反应

表皮细胞

T细胞释放抑制剂

## 生日礼物

婴儿出生时就在其通过母亲的产道时，收集了母亲体内的一部分微生物。出生后，这些细菌开始产生能促进其他有益微生物定居、繁殖的化学物质。有许多因素都可以影响婴儿微生物群的发展：不同的分娩方式（与顺产婴儿相比，剖腹产婴儿体内的细菌会有所不同）、婴儿是否母乳喂养以及婴儿与谁接触过等。

## 我们是太干净了吗？

人们对抗菌类清洁剂的痴迷可能会对体内有益的微生物造成不利的影响。一些研究表明，过度洗手会导致更多有害微生物的生长，但是灵这一结论尚具争议性。因为另一些研究得出了与之相反的结果。

# 损伤控制

当物理屏障（比如皮肤）受损时，免疫系统能很快将其修复并保护身体免受感染。首先由局部的免疫细胞对第一批"入侵者"采取行动，如果"入侵者"的数目超过其应对能力，就会派更多的专门细胞增援。

**每滴血液中都有375 000个免疫细胞。**

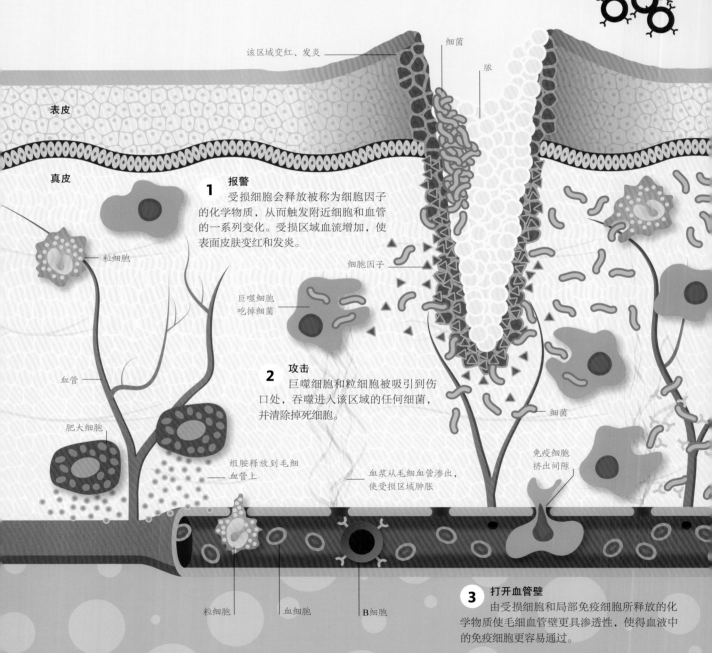

该区域变红、发炎

细菌

脓

表皮

真皮

**1 报警**
受损细胞会释放被称为细胞因子的化学物质，从而触发附近细胞和血管的一系列变化。受损区域血流增加，使表面皮肤变红和发炎。

粒细胞

细胞因子

巨噬细胞吃掉细菌

**2 攻击**
巨噬细胞和粒细胞被吸引到伤口处，吞噬进入该区域的任何细菌，并清除掉死细胞。

血管

细菌

肥大细胞

免疫细胞挤出间隙

组胺释放到毛细血管上

血浆从毛细血管渗出，使受损区域肿胀

粒细胞

血细胞

B细胞

**3 打开血管壁**
由受损细胞和局部免疫细胞所释放的化学物质使毛细血管壁更具渗透性，使得血液中的免疫细胞更容易通过。

## 召唤"武器"

　　许多免疫细胞，如巨噬细胞、肥大细胞和粒细胞，都生活在真皮中。如果皮肤被割伤了，肥大细胞检测到受伤的细胞，并释放组胺，令附近的血细胞肿胀。这样就增加了流向该区域的血液，使伤口发热，但同时也将其他免疫细胞迅速带到该部位。而细菌进入伤口的标志是形成脓，脓是免疫细胞死亡后积聚的残留物。

**为什么随着年龄增长，伤口愈合需要更长的时间？**

　　随着年龄的增长，血管会变得更加脆弱，使得将免疫细胞输送到伤口处更加困难。

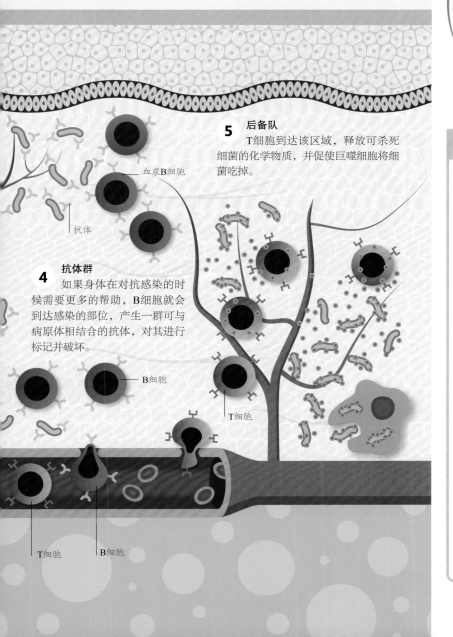

**5 后备队**
　　T细胞到达该区域，释放可杀死细菌的化学物质，并促使巨噬细胞将细菌吃掉。

血浆B细胞

抗体

**4 抗体群**
　　如果身体在对抗感染的时候需要更多的帮助，B细胞就会到达感染的部位，产生一群可与病原体相结合的抗体，对其进行标记并破坏。

B细胞

T细胞

T细胞　　B细胞

## 蛆虫疗法

　　如果皮肤的伤口不能正常愈合，或是常规的治疗不起作用，那么可以尝试一下蛆虫疗法。这些小的苍蝇幼虫可以非常精准地吃掉死亡细胞，而只留下健康的细胞。当它们吃掉死亡细胞的时候，可以分泌抗菌的化学物质，这些化学物质不但能够保护蛆虫本身，而且会杀死细菌，甚至杀死那些对抗生素耐药的细菌。这些分泌物也有助于抑制伤口的炎症并促进伤口愈合。

**蝇蛆**

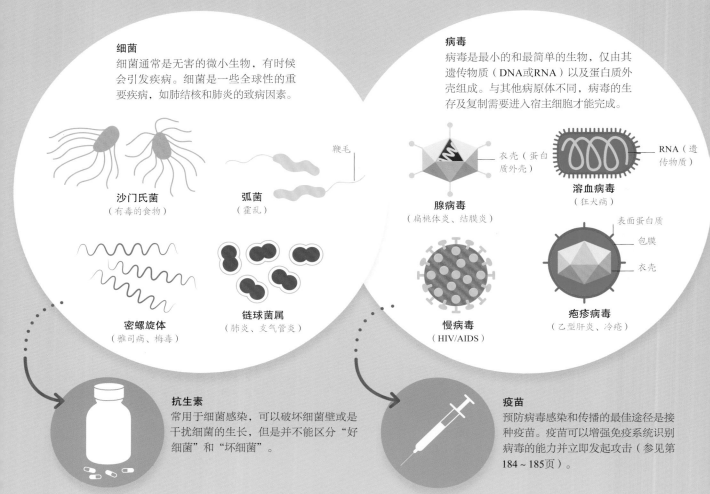

**细菌**
细菌通常是无害的微小生物，有时候会引发疾病。细菌是一些全球性的重要疾病，如肺结核和肺炎的致病因素。

沙门氏菌
（有毒的食物）

弧菌
（霍乱）

鞭毛

密螺旋体
（雅司病、梅毒）

链球菌属
（肺炎、支气管炎）

**病毒**
病毒是最小的和最简单的生物，仅由其遗传物质（DNA或RNA）以及蛋白质外壳组成。与其他病原体不同，病毒的生存及复制需要进入宿主细胞才能完成。

衣壳（蛋白质外壳）

腺病毒
（扁桃体炎、结膜炎）

RNA（遗传物质）

溶血病毒
（狂犬病）

表面蛋白质

包膜

衣壳

疱疹病毒
（乙型肝炎、冷疮）

慢病毒
（HIV/AIDS）

**抗生素**
常用于细菌感染，可以破坏细菌壁或是干扰细菌的生长，但是并不能区分"好细菌"和"坏细菌"。

**疫苗**
预防病毒感染和传播的最佳途径是接种疫苗。疫苗可以增强免疫系统识别病毒的能力并立即发起攻击（参见第184～185页）。

# 感染性疾病

　　细菌、病毒、寄生虫和真菌一直生活在人体内和体表。它们中的绝大多数是无害的，但是某些类型的微生物属于病原体，一旦躯体条件发生改变，使得它们生长得过于旺盛，则可能会致病。也有一些感染性疾病由他人或动物传染给我们，感染的征兆往往是发烧。

## 不受欢迎的来访者

　　在人体细胞或组织中生活的生物体称为寄生虫，主要分为5个类型：细菌、病毒、真菌、动物及原生动物。当寄生虫找到有利条件时，会迅速繁殖，繁殖过程中可能会产生有害的物质，使人体感到不适，并引起免疫系统对其产生应答。

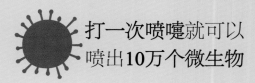

打一次喷嚏就可以喷出10万个微生物

## 动物和原生动物

人体还受到寄居在体表或体内的微小动物以及被称为原生动物的单细胞生物体的攻击。这些生物有一些大到可以用肉眼看到，比如蠕虫；有些则只能通过显微镜看到，比如可引起腹泻的原生动物贾第鞭毛虫。

**线虫**
（麦地那龙线虫、螺纹蛔杆）

细胞核

**滴虫**
（尿道炎、阴道炎）

鞭毛

**贾第鞭毛虫**
（腹泻）

两根鞭毛

## 真菌

真菌总是存在于体内和体表，但有时真菌中的病原菌占主导，导致菌群失衡，并引起一些疾病，如脚癣或鹅口疮。

**球孢子菌属**
（山谷热）

分节孢子

**隐球菌属**
（肺或脑膜隐球菌病）

孢子体

**曲霉属**
（肺部感染）

### 预防

预防这种类型感染的最佳策略是避免从事有危害的活动、不去有危害的区域、警惕不安全的食物和水源，以及服用专家推荐的针对该种疾病的预防性药物。

### 抗真菌的药物

真菌感染是依据其感染部位（身体内部或外部）进行治疗的。抗真菌药物要么通过破坏真菌的细胞壁对其进行直接攻击，要么抑制真菌的生长。

## 疾病是如何传播的？

感染性疾病的种类有很多，但是有些感染性疾病只影响相对较少的个体，被局限在小范围内。只有那些容易通过人与人接触传播的疾病才被称为传染病。很多病原体在人群之间的传播都不是直接传播，而是通过空气、水、人所接触的物体或是被污染的食物进行传播的。人畜共患病是指动物的感染传播给人类，通常通过动物叮咬人类来传播。

动物/昆虫

直接接触

空气

间接接触

食物

受感染的人

健康的人

# 自找麻烦

如果免疫系统不能应对某一次感染，那么身体就会启动第二个更有针对性的对抗应答。B细胞对曾经攻击过人体的有害微生物具有记忆，当识别到这些有害的微生物时，就会产生抗体来包围这个病原体，并将其标记，以供其他免疫细胞破坏该病原体。

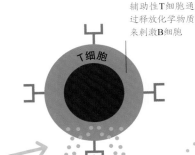

辅助性T细胞通过释放化学物质来刺激B细胞

T细胞

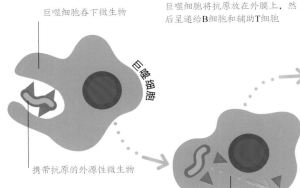

巨噬细胞吞下微生物

巨噬细胞

携带抗原的外源性微生物

巨噬细胞将抗原放在外膜上，然后呈递给B细胞和辅助T细胞

微生物被消化并分解成碎片

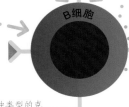

B细胞

B细胞复制产生两种类型的克隆——记忆B细胞和浆细胞

**1** 抗原呈递
当巨噬细胞吞下病原微生物后，会将其分解，并将该微生物的抗原（表面蛋白）放在其细胞壁上。这个巨噬细胞就被称为抗原呈递细胞。

**2** 帮手
B细胞在与抗原相结合时就已开始做好各项准备，但是直到辅助性T细胞识别并与B细胞结合在同一抗原上时，B细胞才被完全激活。随后，辅助细胞释放可以使B细胞产生抗体的化学物质。

## 激活抗体

B细胞是白细胞的一种，它们不断地在血管中"巡逻"或是在淋巴结中等待（参见第170~171页）。当B细胞遇到它识别的抗原时，就立即被启动，准备开始复制。但是只有当免疫系统的另一个细胞——辅助性T细胞识别并与B细胞结合在同一抗原上时，B细胞才会开始自我复制并释放抗体。

## 单个**B细胞**的外表面可能有多达**10万个**抗体

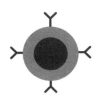

### 抗体检测

血液检测可以显示在感染过程中免疫球蛋白（抗体的另一个名称）的水平。IgM是身体出现第一个感染征兆时产生的大的抗体，但是很快就消失了。而IgG是在感染后期产生的更具特异性且持续终生的抗体。IgM值较高说明人体正在经历感染，而IgG升高仅仅表明曾经感染过某个病原体。

IgM复合体为五聚体，当其与抗原反应时，5个单体协同作用，效应显著强于IgG

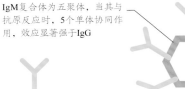

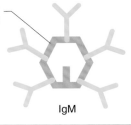

IgG                    IgM

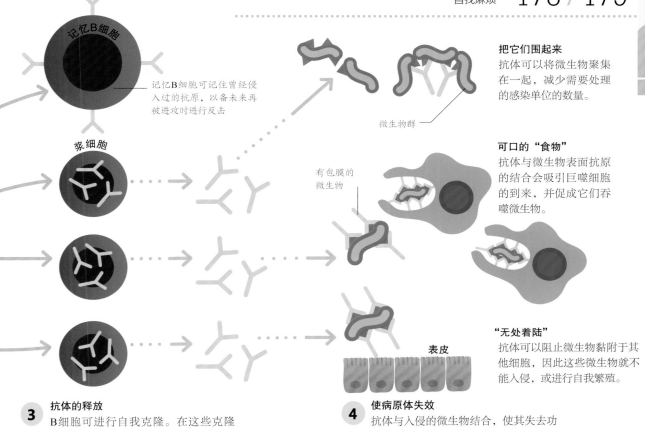

记忆B细胞

记忆B细胞可记住曾经侵入过的抗原，以备未来再被进攻时进行反击

浆细胞

微生物群

有包膜的微生物

表皮

**把它们围起来**
抗体可以将微生物聚集在一起，减少需要处理的感染单位的数量。

**可口的"食物"**
抗体与微生物表面抗原的结合会吸引巨噬细胞的到来，并促成它们吞噬微生物。

**"无处着陆"**
抗体可以阻止微生物黏附于其他细胞，因此这些微生物就不能入侵，或进行自我繁殖。

**3 抗体的释放**
B细胞可进行自我克隆。在这些克隆中，有一些细胞称为记忆细胞，但大多数会变为浆细胞，后者可产生针对入侵抗原特异性的抗体。随后，这些抗体被释放到血液中。

**4 使病原体失效**
抗体与入侵的微生物结合，使其失去功能。同时，抗体对这些微生物进行标记，以供其他免疫细胞对其进行破坏。

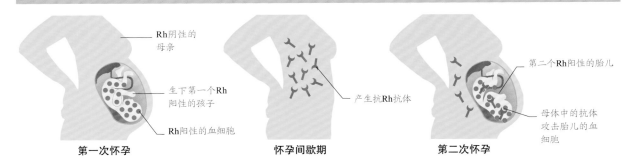

Rh阴性的母亲

生下第一个Rh阳性的孩子

Rh阳性的血细胞

产生抗Rh抗体

第二个Rh阳性的胎儿

母体中的抗体攻击胎儿的血细胞

第一次怀孕　　　　怀孕间歇期　　　　第二次怀孕

## 溶血性病患儿

Rh因子是红细胞表面的一种蛋白质。红细胞表面含有Rh因子的人称为Rh阳性者。当Rh阴性母亲与她的Rh阳性胎儿的血混合（来自父亲的Rh阳性基因）时，会产生抗Rh抗体。如果这个母亲未来再怀一个Rh阳性的胎儿，母亲体内的抗Rh抗体就可能攻击这个胎儿。但是，在怀孕早期注射抗Rh抗体通常可以降低这种危险。

**这个"避风港"没那么安全**
头一个Rh阳性胎儿出生时与母体血液发生混合，从而致使母体中产生抗Rh抗体，当这个母亲怀上第二个Rh阳性胎儿时，其体内的抗Rh抗体会对第二个孩子血液中红细胞上的Rh因子产生攻击。这是因为母亲的抗体实际上可以穿过胎盘进入婴儿的血液。

# "暗杀小分队"

免疫系统可以刺激（武装）某些细胞进入体内，一对一地攻击入侵的抗原。这些细胞被称为T细胞，它们猎杀受到感染和变异的细胞。

## 保持控制权

T细胞是一种白细胞，在治疗感染方面起着关键作用。T细胞存在于血液和淋巴循环中，并在人体细胞的表面寻找外来抗原。这些特征蛋白表明细胞已经被微生物侵入，或者已经发生了严重的畸变。T细胞还可以指导其他免疫细胞的行为，并刺激B细胞产生抗体。

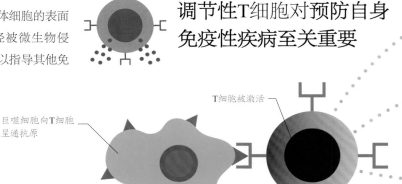

**调节性T细胞对预防自身免疫性疾病至关重要**

携带抗原的外源性微生物

巨噬细胞吞噬微生物

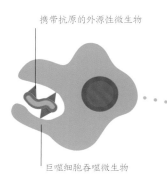

微生物被吞噬

巨噬细胞向T细胞呈递抗原

T细胞被激活

**1** 激活T细胞
巨噬细胞吞噬病原体并将其分解。然后将部分病原体（抗原）嵌入细胞膜，并将其暴露在细胞表面。当T细胞识别抗原时，就与抗原相结合，从而进入激活状态。

## 癌症的免疫治疗

免疫疗法是一种旨在帮助免疫系统对抗癌症的疗法。具体的手段有很多种，基本原理是使癌细胞更容易被免疫系统识别，或首先在实验室通过繁殖细胞或细胞因子来增强免疫系统功能，然后再将其注入患者体内。

**无应答**

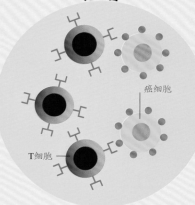

癌细胞

T细胞

**疫苗注射**

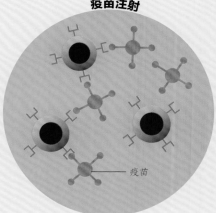

疫苗

**癌症疫苗**
癌症疫苗是癌症免疫治疗的方式之一，可促使免疫系统仅靶向癌细胞。

**1** 没有威胁
癌症是指细胞失去控制后进行无限制分裂的一种疾病。免疫系统可能无法将这些细胞识别为异物，因为癌细胞本质上也是人体自身的细胞。

**2** 识别抗原
癌细胞表面含有与正常细胞相同的抗原（这样有助于它们进行免疫逃逸，即在机体的免疫监控之外生长），但癌细胞也会产生自己特有的抗原。癌症疫苗即设计成与癌细胞抗原相匹配的形状。

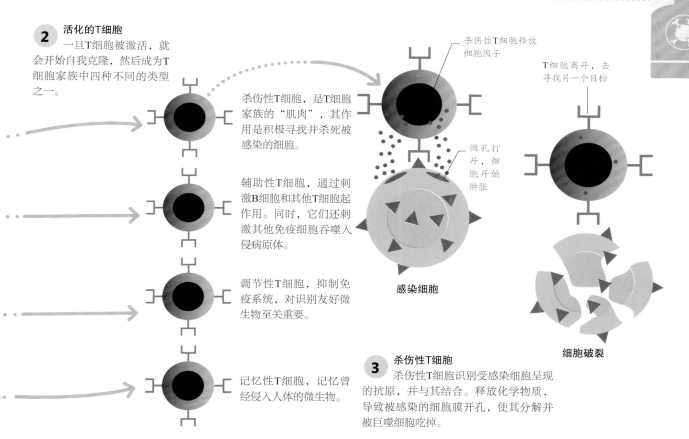

**2 活化的T细胞**
一旦T细胞被激活，就会开始自我克隆，然后成为T细胞家族中四种不同的类型之一。

杀伤性T细胞，是T细胞家族的"肌肉"，其作用是积极寻找并杀死被感染的细胞。

辅助性T细胞，通过刺激B细胞和其他T细胞起作用。同时，它们还刺激其他免疫细胞吞噬入侵病原体。

调节性T细胞，抑制免疫系统，对识别友好微生物至关重要。

记忆性T细胞，记忆曾经入侵入人体的微生物。

杀伤性T细胞释放细胞因子

T细胞离开，去寻找另一个目标

微孔打开，细胞开始肿胀

**感染细胞**

**细胞破裂**

**3 杀伤性T细胞**
杀伤性T细胞识别受感染细胞呈现的抗原，并与其结合。释放化学物质，导致被感染的细胞膜开孔，使其分解并被巨噬细胞吃掉。

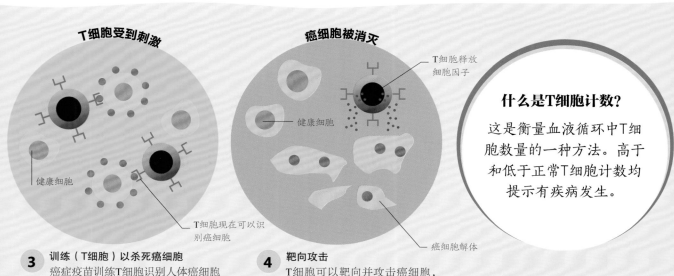

**T细胞受到刺激**

健康细胞

T细胞现在可以识别癌细胞

**3 训练（T细胞）以杀死癌细胞**
癌症疫苗训练T细胞识别人体癌细胞呈现的抗原，并与其相结合。

**癌细胞被消灭**

T细胞释放细胞因子

健康细胞

癌细胞解体

**4 靶向攻击**
T细胞可以靶向并攻击癌细胞，将它们从同种类型的健康细胞中区分开来。

**什么是T细胞计数？**

这是衡量血液循环中T细胞数量的一种方法。高于和低于正常T细胞计数均提示有疾病发生。

# 普通感冒和流感

人们一次又一次感冒，是因为引起感冒的病毒每次都发生变异，因此下一次感冒时，人体的免疫系统就无法识别它。通常，感冒表现出来的症状其实是免疫系统和病毒之间对抗的结果，并不是直接由病毒本身引起的。

## 普通感冒还是流感？

普通感冒和流行性感冒的许多症状是相似的，难以区分。引起普通感冒的病毒很多，而流行性感冒则是由三种病毒亚型引起的。一般来说，普通感冒的症状比流感要温和得多。

**普通感冒**
普通感冒的症状包括频繁打喷嚏、轻度到中度发烧、体能低下和疲倦。有超过100种病毒可以引起普通感冒，并且可在一年中的任何时候发生。

**共同症状**
普通感冒和流感都属于上呼吸道感染。两种疾病都可能导致流鼻涕、喉咙痛、咳嗽、头痛、身体疼痛、打寒战。

**流感**
流感是由A、B、C型病毒引起的。流感可能导致中高度发烧和持续疲劳。它通常在冬季感染，并且可能发展成更严重的疾病，例如肺炎。

## 病毒如何入侵细胞

病毒本身无法进行自我复制，需要入侵并依托健康的细胞复制其DNA。细胞的胞核是人体中储存可编码蛋白质的信息的地方。病毒被一层蛋白质包裹，可以劫持细胞去表达病毒蛋白而不是正常的人体蛋白。一旦病毒被复制，就会继而进入人体的其他细胞，如此往复。这一过程对于普通感冒和流感都是相同的。

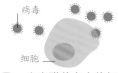

**1** 病毒附着在人体细胞上，而细胞将病毒吞噬。

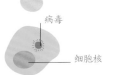

**2** 细胞中的物质开始剥离病毒的外壳蛋白。

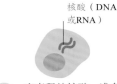

核酸（DNA或RNA）

**3** 病毒释放核酸，准备复制。

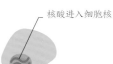

核酸进入细胞核

**4** 人体细胞被伪装成自身DNA的病毒所诱导，复制病毒的核酸。

病毒被复制

**5** 细胞忽略了自身的化学需要，转而制造新的病毒核酸，成为病毒的复制品。

被破坏的细胞

**6** 宿主细胞释放病毒，导致细胞被破坏，而病毒继续入侵其他细胞。

**头痛**
一般认为，在免疫反应过程中释放的化学混合物会增加大脑疼痛神经的敏感性，从而引起头痛。

喜怒无常

因流涕和睡眠不足而烦恼，会导致情绪的变化

鼻腔和鼻窦的血管扩张以及黏液积聚导致头部有发胀的感觉

鼻窦炎会刺激鼻腔分泌黏液。增加的黏液可形成屏障，阻止病毒入侵

鼻窦

流鼻涕

打喷嚏

组胺的释放会刺激人打喷嚏，有助于将病毒细胞清除出鼻腔。然而，同时也导致病毒的传播

## 发烧

体温升高是人体免疫系统对抗感染的另一种方式。人体温度调节系统将"正常体温"重置到更高的水平，以增强抵抗感染所需的免疫反应。只要是低烧，就没必要担心，但如果持续发烧，应该引起重视。

## 免疫应答

病毒入侵口腔或鼻腔内的上皮细胞，从而引起免疫应答，这就是出现普通感冒或流感症状的"罪魁祸首"。受侵的上皮细胞释放一种包括组胺在内的化学混合物，进而引起鼻窦炎和释放细胞因子，后者指挥体内的细胞参与免疫应答。

咽喉肿痛

咳嗽是一种反射，可清除气道里积聚的黏液，可能是由炎症细胞和一些化学物质的释放而触发的

咽喉上皮细胞发炎是感冒和流感的最初症状之一，因此常常作为"你快要病倒了"的警告信号

咳嗽

**疲惫**
所有这些症状都会打乱正常的睡眠模式。细胞因子会加重人体的疲惫感，迫使身体减慢新陈代谢，以对抗病毒。

**寒战**
寒战会升高体温，因为肌肉的快速收缩会产生热量，有助于免疫应答对抗感染。

# 疫苗的作用

　　预防传染病传播的最有效办法之一就是通过接种疫苗来增强免疫系统。疫苗可以"训练"免疫系统，使其对病原体进行快速而猛烈的攻击。

## 群体免疫

　　给一个群体的大部分人群（约80%）接种疫苗，可以帮助提高整个社区的免疫力，甚至可以保护那些没有接种疫苗的人。当疾病传播给接种过疫苗的人时，这些人的免疫系统就立即启动并将病原体摧毁，从而阻止该疾病的进一步传播。这个措施有助于保护因年龄或疾病的原因而不能接种疫苗的人。广泛（群体）接种疫苗可以完全消除一些疾病，例如天花。

**要点**

未接种疫苗
但仍然健康

接种了疫苗
而且健康

未接种疫苗，生病，
具有传染性

**安全第一**
如果有足够数量的人接种疫苗，就可以遏制传染病。接种疫苗也有助于防止那些已经患有某种疾病的人病情恶化。

没有人接种疫苗

传染性疾病在整个人群中传播

## 接种还是不接种疫苗？

　　疫苗的使用存在争议。一些家长由于担心疫苗可能出现的副作用而拒绝给孩子接种疫苗，这就导致了一些本可以预防的疾病出现爆发，比如麻疹和百日咳。如果群体中只有一小部分人群接种了疫苗，那么该群体的免疫力就会下降甚至崩溃。

群体中一部分人接种了疫苗

传染性疾病在一部分人群中传播

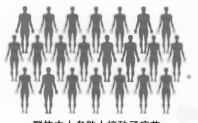

群体中大多数人接种了疫苗

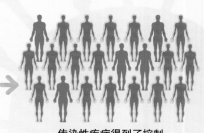

传染性疾病得到了控制

## 疫苗的种类

疫苗接种的原理是：首先向人体注射一个无害（不具活性）的病原体，使人的免疫系统产生相应的抗体。当人体再次受到同一种抗原"真正的"（具有活性）的攻击时，免疫系统就会行动起来，除掉这些病原体。疫苗的成功接种并不容易，有时疫苗并不会产生免疫反应。还有一些疾病发展得非常迅速，故而免疫中的记忆系统无法及时产生应答，因此就需要给予增强免疫接种，来使免疫系统时刻处于"警醒"状态。

**为什么接种疫苗会让人感觉不舒服？**

接种疫苗会刺激免疫反应，并在某些人身上出现症状，但是这恰恰说明疫苗是有效的。

**灭活的**
病原体被热、辐射或化学物质杀死。灭活的病原体可用于制备流感、霍乱和鼠疫疫苗。

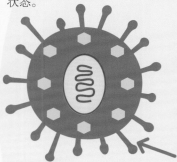

**相关的微生物**
有时，某种病原体可引起其他物种的疾病。只有那些几乎或是绝对不会引起症状的病原体才可用于制备疫苗。例如，结核疫苗是由一种感染牛的细菌制成的。

**原发病病原体**

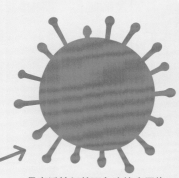

**具有活性但并不危险的病原体**
病原体仍然具有活性，但是其有害的部分被去除或者失能了。这种方式主要用于制备麻疹、风疹和腮腺炎疫苗。

**DNA**
病原体的DNA被注入人体内，人体自身的细胞复制、转录该DNA，并翻译成蛋白，从而触发了免疫应答。通过这种方式制备的疫苗可用于预防流行性乙型脑炎。

**驯化的毒素**
由致病病原体释放的有毒化合物被热、辐射或化学物质灭活。这种方法常用于制备破伤风和白喉疫苗。

**小片状病原体**
病原体的片段，如细胞表面的蛋白质，被用来替代整个病原体，用于制备乙型肝炎病毒和人乳头瘤病毒（HPV）的疫苗。

# 免疫性疾病

有时免疫系统太过活跃，攻击那些无害的物质，甚至攻击身体自身的细胞。过敏、花粉热、哮喘和湿疹都是由过度敏感的免疫系统引起的。而另一些时候，免疫系统可能缺乏足够的反应（或比较迟钝），从而使身体容易受到感染。

## 过敏性休克

有时，免疫系统在遇到诸如螫刺或坚果之类的变应原时会引起极为剧烈的反应，由此导致的症状包括眼睛或脸部发痒，随后迅速出现脸部的极度肿胀、荨麻疹、吞咽困难和呼吸困难。这是一种医疗急症，需要通过注射肾上腺素来治疗。肾上腺素可收缩血管以减少肿胀并放松气道周围的肌肉。

### 食物过敏是免疫反应吗？

是的。与花粉热类似，对某些食物过敏会引起从口腔到肠道的炎症反应。严重的变态反应可能会导致过敏反应。

肥大细胞

软骨侵蚀

**关节**

发炎的关节

B细胞

### 类风湿性关节炎

如果免疫系统攻击关节周围的细胞，从而引起炎症反应，就会导致被称为类风湿性关节炎的自身免疫性疾病。这种情况下关节会肿胀、发炎并且非常疼痛。最终，可对关节和周围的组织造成永久性的损伤。

## 免疫超负荷

大多数免疫问题都源于遗传和环境因素的结合。虽然免疫反应常常是由于暴露在环境中的物质（例如皮肤上或空气中的花粉、食物或刺激物）触发的，但有些人的遗传基因使得他们更容易发生这种免疫反应。即使是自身免疫性疾病（当免疫系统错误地攻击自身健康的身体组织时），如类风湿性关节炎，也可能会因为身体其他部位的刺激物而变得更为糟糕。免疫系统过于敏感的人可能会患有多种免疫性疾病，例如，许多哮喘患者患有过敏症。

皮肤凸起、发痒

毛发

变应原

表皮

**皮肤**

肥大细胞释放组胺

### 湿疹

湿疹的原因目前尚不清楚，但是有人认为它是由免疫系统与皮肤之间错误的信息"交流"所导致的。湿疹可能是由于皮肤上的刺激物（变应原）刺激皮肤下方的免疫系统，启动炎症反应，导致皮肤肿胀、发红。

### 过敏与现代生活方式

越发达的国家，患有过敏症的人越多；而且自"二战"以来，其发病率一直在上升。这种现象的具体原因尚存争议，但有一个共识是，这可能是因为儿童时期免疫系统暴露于较少的微生物。

**窦道**

变应原

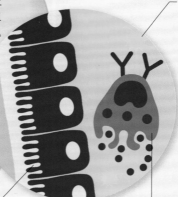

表皮

**鼻内衬**

### 花粉热

许多人对花粉或尘土都有一种特殊的过敏反应，称为花粉热。当变应原在眼睛和鼻子的表皮下方与免疫细胞膜相结合时，会触发这些免疫细胞释放组胺，从而进一步引起炎症，包括发痒、流泪和打喷嚏。

肥大细胞分泌组胺

支气管内皮

变应原

免疫细胞释放的细胞因子引起肿胀

肿胀的支气管

细胞因子

气道受限

黏液

免疫细胞

**正常的免疫应答**

**哮喘发作**

**肺**

### 哮喘

哮喘发作是指肺部支气管痉挛导致喘息、咳嗽和呼吸困难。哮喘发作是由于肺部对环境中的某些刺激物产生的过敏反应所引起的。目前已有证据表明哮喘是可以遗传的。

## 免疫力减弱

免疫系统减弱或消失，称为免疫缺陷。免疫缺陷可由遗传缺陷、HIV或AIDS、某种癌症、慢性疾病和化疗或不得不在移植手术后服用免疫抑制剂造成。免疫力低下的人必须尽可能避免感染，包括最简单的感染（比如感冒），因为他们的机体不能在发生感染时进行有效的对抗。对这些人来说，甚至接种疫苗都有引起感染的风险。

**生物危害**

# 化　学

# 平　衡

# 化学调节器

内分泌系统中，有一些器官专门用于产生激素；而另一些器官，比如胃和心脏，则还有其他更为人们所熟悉的功能。每个人从自己身体接收信息，并通过增加或减少某种激素的分泌做出反应。激素可以充当信使，"命令"细胞"保持平衡"，或在人生的某个短期或较长的阶段（如青春期），指导身体改变某种神经激素的水平。

**脑垂体**
尽管只有豌豆那么大，但是垂体有时候却被称为"主腺"。它控制着身体其他组织的生长和发育，以及其他分泌腺的功能。

**松果体**
当光线变暗时，松果体释放褪黑素，使人入睡或昏昏欲睡。松果体与下丘脑之间的合作非常密切。

**下丘脑**
下丘脑是大脑中连接神经系统和内分泌系统的一部分。下丘脑位于垂体上方，并与其密切合作。除此之外，它还可以调控之渴和疲劳的感觉，以及控制体温。

**甲状腺**
甲状腺分泌激素可控制生长和代谢的激素。同时，甲状腺还分泌降钙素，促进骨骼中钙的储存。

**胸腺**
胸腺分泌的激素可刺激对抗病原体的T细胞的生成。胸腺最活跃的时期是在婴儿期和青少年期，并在成年期萎缩。

**甲状旁腺**
甲状旁腺是附着在甲状腺上的四个微小腺体，可调节血液及骨骼中钙的水平。甲状旁腺释放一种对肾脏、小肠和骨骼起作用的激素，以提高血钙水平。

睡觉

神经系统

能量

免疫

生长

钙

下丘脑

松果体

脑垂体

甲状腺

甲状旁腺

胸腺

**睾丸**

睾丸分泌男性激素睾酮。睾酮在男孩的身体发育中起着重要作用，可维持男性的性欲、肌肉力量和骨密度。

**男子气概**

**胃**

当胃充盈时，其内壁细胞分泌胃泌素，这是一种可刺激邻近细胞分泌胃酸的激素。胃酸可以帮助人体消化食物（参见第142～143页）。

**心脏**

心脏组织分泌的激素可以促使肾脏排水。这样可以减少血容量，从而降低血压。

**肾脏**

当肾脏检测到血液中氧水平较低时，可分泌一种激素，以刺激骨髓中红细胞的生成。

**卵巢**

卵巢产生两种控制女性生殖健康的激素——雌激素和孕酮。这些激素调节月经周期，控制妊娠和分娩。

**采取行动**

**消化**

**肾上腺**

肾上腺产生的激素（比如肾上腺素）可以控制"战斗或逃跑"反应。肾上腺同时也有助于调节血压和新陈代谢，分泌少量的睾酮和雌激素。

**胰腺**

除了产生消化酶外，胰腺还可以产生控制血糖水平的胰岛素和胰高血糖素（参见第158～159页）。

# 激素"工厂"

激素遍布全身各处，可促使组织变化，进而调节从睡眠、生殖到消化、生长以及怀孕等所有一切。所有的激素都是由统称为内分泌系统的器官分泌并释放到血液中的。

# 激素是如何工作的

激素是在身体的器官和组织之间充当信使的分子。激素被释放到血液中，输送到全身各处。但是激素仅对具有受体的细胞起作用，而且每种激素都有自己特定的受体。有些受体漂浮在靶细胞的细胞质中，另一些则在细胞膜上排列着。

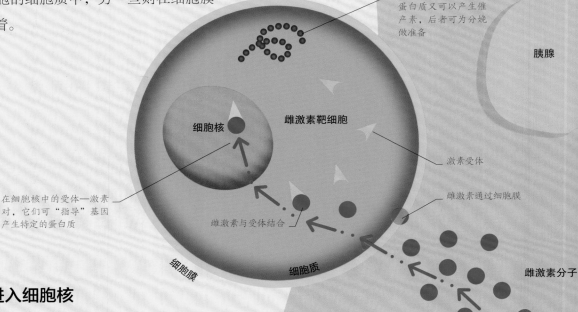

由雌激素触发产生的蛋白质又可以产生催产素，后者可为分娩做准备

胰腺

细胞核

雌激素靶细胞

激素受体

在细胞核中的受体—激素对，它们可"指导"基因产生特定的蛋白质

雌激素与受体结合

雌激素通过细胞膜

细胞膜

细胞质

雌激素分子

## 直接进入细胞核

有些激素可以直接穿过靶细胞的外膜。这些激素的受体在细胞质中等待着，一旦激素穿过细胞膜，它们就与受体相结合，并一起进入细胞核。在细胞核里，受体—激素对与DNA结合，并激活一个特定的基因。

**雌激素**
雌激素是由卵巢产生的一种脂溶性激素。雌激素可靶向身体绝大多数细胞，与雌激素受体结合，然后触发可帮助形成及维持女性生殖器官的基因。

卵巢

## 激素触发因子

内分泌腺体通过分泌激素来对某种触发做出应答。这些触发因素可分为三种类型：血液的变化、神经刺激或是来自其他激素的指示。然而，这些触发本身往往是对外界信息的回应。例如，当天黑时，褪黑素被释放出来，以帮助人们入睡（参见第198～199页）。

**由血液触发**
当感觉细胞检测到血液或其他体液的变化时，一些激素就被释放出来。例如，当血液中钙水平较低时，甲状旁腺就会释放甲状旁腺激素（参见第194～195页）。

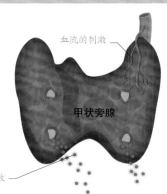

血流的刺激

甲状旁腺

甲状旁腺激素释放

靶细胞可以含有5000到10万个激素受体

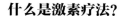

### 什么是激素疗法?

激素可以触发全身的变化。例如,性激素可用来控制人的性别。

激素受体

细胞膜

细胞核

细胞质

肝脏细胞

**胰高血糖素分子**

胰高血糖素与细胞表面的受体相结合

受体触发

第二信使蛋白是由于胰高血糖素触发而产生的,它的工作是刺激肝脏产生葡萄糖

**胰高血糖素**
胰高血糖素由胰腺释放,靶向肝细胞,并与肝细胞表面的受体相结合。这可促进细胞器将糖原转化为葡萄糖(参见第156～157页)。

## 细胞膜信使

另一类激素不能通过细胞的外膜。这些激素可与细胞表面的受体结合,触发细胞产生第二信使蛋白,从而导致细胞内的进一步变化。

### 神经刺激

许多内分泌腺是由神经冲动刺激的。例如,当感受到身体的压力时,发出一个冲动,并沿着神经传至肾上腺,导致肾上腺分泌"战斗还是逃跑"激素——肾上腺素(参见第240～241页)。

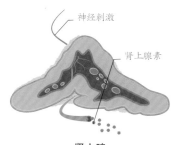

神经刺激

肾上腺素

**肾上腺**

### 激素的刺激

激素还可以受其他激素的刺激而被释放。例如,下丘脑产生一种激素,这种激素可以下行至脑垂体并使其释放第二种激素(生长激素),进而刺激生长,并促进新陈代谢。

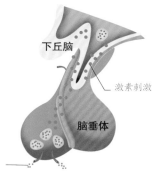

下丘脑

激素刺激

**脑垂体**

生长激素

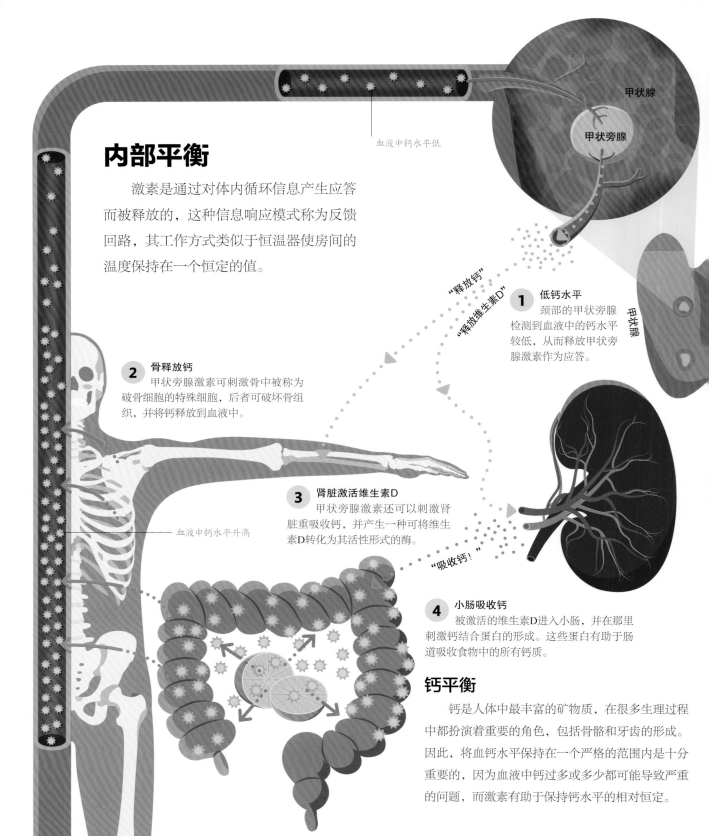

# 内部平衡

激素是通过对体内循环信息产生应答而被释放的，这种信息响应模式称为反馈回路，其工作方式类似于恒温器使房间的温度保持在一个恒定的值。

甲状腺

甲状旁腺

血液中钙水平低

"释放钙"

"释放维生素D"

**1 低钙水平**
颈部的甲状旁腺检测到血液中的钙水平较低，从而释放甲状旁腺激素作为应答。

甲状腺

**2 骨释放钙**
甲状旁腺激素可刺激骨中被称为破骨细胞的特殊细胞，后者可破坏骨组织，并将钙释放到血液中。

血液中钙水平升高

**3 肾脏激活维生素D**
甲状旁腺激素还可以刺激肾脏重吸收钙，并产生一种可将维生素D转化为其活性形式的酶。

"吸收钙！"

**4 小肠吸收钙**
被激活的维生素D进入小肠，并在那里刺激钙结合蛋白的形成。这些蛋白有助于肠道吸收食物中的所有钙质。

## 钙平衡

钙是人体中最丰富的矿物质，在很多生理过程中都扮演着重要的角色，包括骨骼和牙齿的形成。因此，将血钙水平保持在一个严格的范围内是十分重要的，因为血液中钙过多或多少都可能导致严重的问题，而激素有助于保持钙水平的相对恒定。

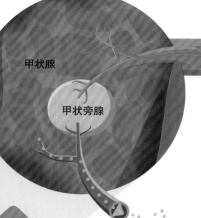

甲状腺

甲状旁腺

血液中钙水平高

**钙的调节**
- PTH（甲状旁腺激素）
- 钙
- 降钙素（激素）
- 维生素D

## 降钙素能减少骨质流失，所以可对患有骨质疏松症的人使用

**1 高钙水平**

甲状腺检测到血液中的钙水平较高，产生降钙素作为应答，同时，甲状旁腺停止产生甲状旁腺激素。

"储存钙！"
"清除钙"

**2 骨组织储存钙**

不再有甲状旁腺激素刺激破骨细胞，对骨造成破坏。相反，降钙素刺激骨中的其他细胞（称为成骨细胞），并利用血液中的钙来构建骨组织。

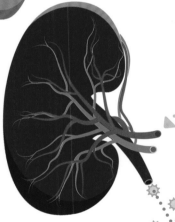

血钙水平下降

**3 肾脏排出钙**

降钙素同时还可抑制肾脏对钙的吸收，因此过量的钙可以通过尿液排泄出去（参见第150～151页）。甲状旁腺激素下降，同样也可以阻止维生素D在肾脏中的激活，因此钙被留在肾中。

**4 肠道停止吸收（钙）**

如果没有活化的维生素D，那么产生的钙结合蛋白也就减少了，因而小肠所吸收的钙也减少了。[1]

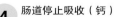

---

1 译者注：维生素D可促进钙与某种蛋白结合，形成钙结合蛋白。钙结合蛋白可作为载体将钙运送至血液；同时，也能增加肠粘膜对钙的通透性，进一步帮助血液吸收钙。

# 激素的变化

当身体发生重要的变化时，激素的变化常常会影响行为，例如，青少年在此期间情绪多变。而事实上，日常行为也会影响激素水平，反过来又会对健康产生严重的影响。

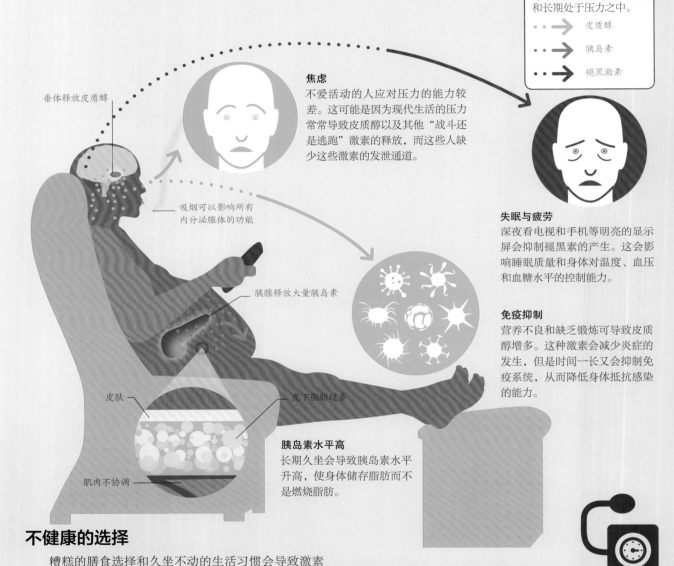

垂体释放皮质醇

**焦虑**

不爱活动的人应对压力的能力较差。这可能是因为现代生活的压力常常导致皮质醇以及其他"战斗还是逃跑"激素的释放，而这些人缺少这些激素的发泄通道。

吸烟可以影响所有内分泌腺体的功能

胰腺释放大量胰岛素

**失眠与疲劳**

深夜看电视和手机等明亮的显示屏会抑制褪黑素的产生。这会影响睡眠质量和身体对温度、血压和血糖水平的控制能力。

**免疫抑制**

营养不良和缺乏锻炼可导致皮质醇增多。这种激素会减少炎症的发生，但是时间一长又会抑制免疫系统，从而降低身体抵抗感染的能力。

皮肤

皮下脂肪过多

肌肉不协调

**胰岛素水平高**

长期久坐会导致胰岛素水平升高，使身体储存脂肪而不是燃烧脂肪。

## 不健康的选择

糟糕的膳食选择和久坐不动的生活习惯会导致激素的改变，进而保持这种不健康的生活方式。长期不活动可导致"感觉良好"的激素分泌减少，进而造成饮食不良，后者可影响血糖调节激素的水平，导致体重增加和运动量减少。

拥抱可以释放催产素，可以降低血压，从而降低心脏病发生的风险。

## 健康的生活方式

　　经常运动是引起激素变化最有效的方法之一，这种变化可使人的身心更加健康。一些激素可通过调节体温、维持水分平衡和增加对氧的需求来促进人们进行体力活动，这也就是所谓的"感觉良好"激素，可极大程度地改善情绪。

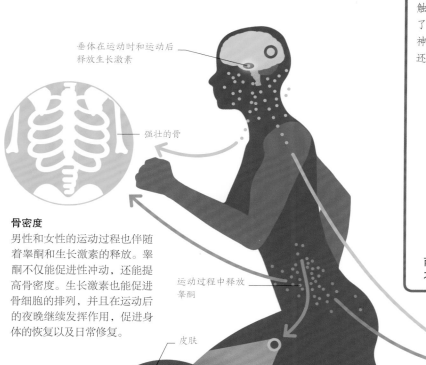

垂体在运动时和运动后释放生长激素

强壮的骨

**骨密度**
男性和女性的运动过程也伴随着睾酮和生长激素的释放。睾酮不仅能促进性冲动，还能提高骨密度。生长激素也能促进骨细胞的排列，并且在运动后的夜晚继续发挥作用，促进身体的恢复以及日常修复。

运动过程中释放睾酮

皮肤

极少的脂肪

瘦肌肉

**激素和健康**
以下三种激素对改善人们的身心健康起重要作用

 生长激素
 胰岛素
睾酮

**健康的胰岛素水平**
胰岛素在运动过程中受到抑制，使细胞通过燃烧脂肪（而不是燃烧葡萄糖）获得能量。运动后，胰岛素的抑制状态会持续很长时间，这意味着即使人在休息的时候也会燃烧脂肪。

### 运动的兴奋作用

　　运动可以增加神经递质的释放，后者是神经系统的化学信使。神经递质在神经细胞之间的交汇处（称为突触）传递信号。神经递质的增加促进了大脑的修复和维护。一些神经递质，如多巴胺，还能带来幸福感。

传递神经细胞
神经递质分子释放
接收神经细胞

**两个神经细胞之间的突触**

肌肉生长良好，得益于生长激素和睾酮

**肌肉质量**
睾酮刺激瘦肌肉组织的建立，并增强人体的整体代谢。生长激素促进肌肉组织的生长，并帮助身体燃烧脂肪。

# 日节律

人体内有一个"内置"的时钟系统,这个系统可调控人的日常节律,尤其是饮食和睡眠。其核心是每天促使我们醒来的激素5-羟色胺与促使我们睡眠的激素褪黑素的日常化学转变,这个过程大约需要24小时。

## 每日循环

激素每天都会有节律地波动。这些波动不因任何外部条件的改变而改变。即使在一个没有窗户的小黑屋里,身体在清晨时仍然会经历5-羟色胺的升高,并因此从睡眠中苏醒过来。然而,这些节律并不是一成不变的,也可以不断地调整,并且当人们去不同时区旅行时,这些节律会发生根本性的变化。

## 生物钟

人体以(大约)24小时为一个激素周期,称为昼夜节律。支配昼夜节律的生物学过程称为生物钟,后者支配着身体所有的节律。生物钟的主要组成之一是大脑一个很小的被称为视交叉上核(SCN)的区域。视交叉上核非常靠近视神经,可利用进入眼睛的光线来校正生物钟。

**体内计时器**

视交叉上核(SCN)驱动一个双向的化学转换——可以唤醒我们的5-羟色胺和使我们入睡的褪黑素二者的相互转换。

### 压力会使人生病吗?

压力激素使我们为"战斗或逃跑反应"做准备,同时,也对人体的其他系统产生影响,尤其是免疫系统。因此,慢性应激也可能会导致疾病。

**3 饥饿激素**

饥饿激素不断地经历高低变化。当你在禁食期间以及清晨醒来时,作为增加食欲的激素,饥饿激素的水平也会增加。而瘦素作为食欲抑制剂,则是在吃饱以后开始活动(发出信号)。

早上9点

**2 应激性皮质醇**

新的一天开始,身体会产生类固醇激素皮质醇,这有助于身体通过升高血糖水平和开始新陈代谢来应对压力。

早上8点

**1 唤醒人体的5-羟色胺**

光线刺激视交叉上核,使褪黑素转变为5-羟色胺,后者是一种有助于大脑和身体(尤其是肠道)进入活动状态的激素。

早上6点

视交叉上核会依据一天中不同的时间,来决定褪黑素或是5-羟色胺的分泌

不同强度的光线

5-羟色胺

褪黑素

唤醒!

入睡!

传至视交叉上核的电信号

凌晨3点

**10 睾酮激增**

男性的睾酮水平在夜间会经历一次上升,这与他们是否睡着没有关系。而这个事实可能也解释了为什么男性总是深夜在俱乐部里打架的现象。

**4** 皮质醇的峰值
皮质醇水平在经历了早晨的一次上升之后，会在中午迎来一天的另一个高峰。随后，皮质醇水平会逐渐下降。褪黑素在正午12点水平是最低的。

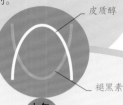

皮质醇
褪黑素
上午12点

**5** 醛固酮上升
醛固酮水平下午会经历一个高峰。这有助于肾脏通过对水分子的再吸收来保持血压稳定。

下午3点

下午6点

**6** 引起困倦的褪黑素
光线变暗促使5-羟色胺转变为褪黑素。这有助于身体慢慢为睡眠做好准备，并导致人体产生困倦感。

甲状腺

晚上8点

**7** 刺激甲状腺
晚上，甲状腺刺激促甲状腺激素水平突然升高。这有助于促进身体的生长和修复，但同时也抑制神经元活动（可能是为睡眠做准备）。

晚上9点

晚上12点

褪黑素
皮质醇

**9** 褪黑素达到峰值
午夜前后血液中的褪黑素水平是最高的，而皮质醇的水平是最低的。这有助于确保身体能够完整地休息一夜。

**8** 生长激素
睡眠的头两个小时生长激素会激增，这有助于儿童身体的生长以及成人身体的新陈代谢。白天也会有生长激素释放，但更多的生长激素是在晚上产生的，此时身体更专注于修复。

午餐时间进行轻快地散步有助于提高5-羟色胺的水平

# 糖尿病

胰岛素是使肌肉和脂肪细胞吸收葡萄糖（身体的主要能量来源）的关键因素。如果没有胰岛素，葡萄糖会留在血液中，而细胞也不能获得所需要的能量，从而严重影响健康。如果胰岛素不起作用，则会导致糖尿病。糖尿病有两种类型（Ⅰ型和Ⅱ型），这是一种常见的慢性病，全球患病人数达3.82亿人。

## 糖尿病的管理

含糖食物和某些碳水化合物会导致脂肪沉积在人体细胞内，而脂肪会对胰岛素产生干扰。脂肪含量越高，发生Ⅱ型糖尿病的风险就越大。健康、均衡的饮食不仅能降低糖尿病的发病风险，同时在发生糖尿病之后也是疾病管理的一个重要因素。一般来说，糖尿病患者饮食的目的是尽可能保持正常的血糖水平，避免食入会导致葡萄糖急剧上升和下降的食物。这也是治疗的一部分，有助于计算胰岛素使用的剂量。

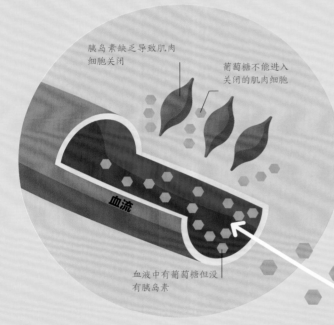

胰岛素缺乏导致肌肉细胞关闭

葡萄糖不能进入关闭的肌肉细胞

**血流**

血液中有葡萄糖但没有胰岛素

**1** **葡萄糖水平升高**
在消化过程中，葡萄糖被释放到血液里去。葡萄糖水平的升高触发了机体采取一些机制来降低其水平，包括使胰腺释放胰岛素（参见第158～159页）。

葡萄糖分子

**3** **无葡萄糖进入**
没有胰岛素，葡萄糖就不能进入人体细胞。相反，葡萄糖只能在血液中积聚，身体则只能通过其他途径降低葡萄糖水平，比如排尿。

## Ⅰ型糖尿病

在Ⅰ型糖尿病中，机体的免疫系统攻击胰腺中产生胰岛素的细胞，使胰腺无法产生胰岛素。其症状通常在数周内出现，但只要使用胰岛素治疗，就可以使这些症状逆转。Ⅰ型糖尿病可在任何年龄段发病，但大多数诊断都在40岁以前，尤其是在儿童时期。Ⅰ型糖尿病患者占所有糖尿病患者的10%。

**2** **胰岛素缺失**
然而，在Ⅰ型糖尿病中，胰腺内产生胰岛素的细胞被机体自身的免疫细胞破坏。因此，在血糖水平不断上升的过程中，并没有释放胰岛素来平衡血糖水平。

胰腺

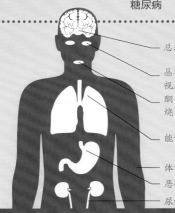

## 糖尿病的症状

Ⅰ型糖尿病和Ⅱ型糖尿病的症状相似。肾脏无法完全排出的葡萄糖开始在体内积聚，因此身体不断"试图"将其排出，这就造成了口渴、饮水增多以及排尿增加。同时，身体的细胞极度缺乏葡萄糖，从而导致全身疲劳。此外，还会出现体重下降，因为在这种情况下，身体通过燃烧脂肪（而不是葡萄糖）来获取能量。

总是感到口渴、饥饿和疲倦

晶状体中葡萄糖的积聚导致视力模糊

酮类燃烧（而非葡萄糖的燃烧）导致口臭（参见第159页）

能量不足引起大口呼吸

体重下降

恶心和呕吐

尿频

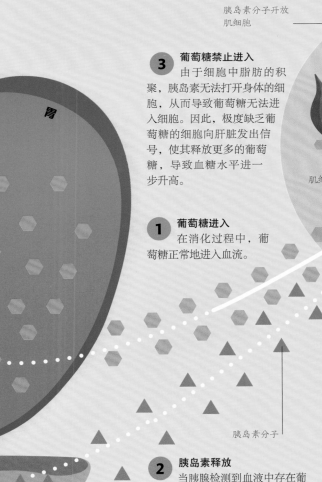

胰岛素分子开放肌细胞

胰岛素分子摄取葡萄糖

脂肪的积聚

**3** **葡萄糖禁止进入**
由于细胞中脂肪的积聚，胰岛素无法打开身体的细胞，从而导致葡萄糖无法进入细胞。因此，极度缺乏葡萄糖的细胞向肝脏发出信号，使其释放更多的葡萄糖，导致血糖水平进一步升高。

肌细胞

血流

胃

**1** **葡萄糖进入**
在消化过程中，葡萄糖正常地进入血流。

**4** **胰岛素过负荷**
由于血糖水平越来越高，释放的胰岛素也越来越多。这样就导致胰腺功能降低，并最终停止发挥（分泌胰岛素的）作用。

胰岛素分子

**2** **胰岛素释放**
当胰腺检测到血液中存在葡萄糖时，就会释放胰岛素。

## Ⅱ型糖尿病

在Ⅱ型糖尿病中，机体不能产生足够的胰岛素或胰岛素不能正常工作。Ⅱ型糖尿病在肥胖患者中更常见，但也发生在体重正常的人身上。虽然有些人可能一点症状也没有，但总会逐渐显现出症状。事实上，全球有1.75亿"所谓健康的"人群被认为患有Ⅱ型糖尿病，只是他们没被诊断而已。在所有糖尿病患者中，Ⅱ型糖尿病患者占90%。

# 生命的
# 循　环

# 有性生殖

基因"驱动"着人类繁衍后代，得以代代相传。从进化论上讲，这是人们之所以做爱的原因。数以百万计的精子相互竞争，最终获胜者与一个卵子相结合，并开始创造新的生命。

## 把精子和卵子结合在一起

性的主要目的是将男性和女性的基因结合在一起。男性以精子的形式将其整个基因组注入女性体内，试图使她的一个卵子受精。如果受精成功，男性和女性的基因混合在一起，在其后代中产生新的独特的基因组合。为了实现这一目标，男性和女性会对彼此产生性欲，从而引起一系列身体的变化。两性的生殖器官由于血流增加而增大，阴茎勃起，阴道分泌润滑液以帮助阴茎进入。

贮精囊向精子中注入液体

前列腺进一步向精子中注入液体，以产生精液

尿道球腺中和尿道中酸性的尿液，防止精子受到损伤

## 每毫升正常的精液含有4000万到3亿个精子（每0.3盎司含有10亿~80亿个精子）

### 为什么女性有高潮？

阴蒂敏感的神经末梢向大脑发出愉悦的信号，使阴道紧紧包围阴茎，从而确保男性可以尽可能多地射精。

精子在尿道内通过阴茎

精子在附睾成熟

## 男性是如何勃起的？

阴茎含有两个被称为阴茎海绵体的圆筒形海绵状组织。当阴茎底部的小动脉扩张或变宽时，血液流入阴茎，海绵体扩张，形成硬性的圆柱体。这样可以压迫小的引流静脉，使其关闭，从而使得血液不至于流失，而阴茎也会变硬。射精后，压力降低，引流静脉重新开放，血液流出，阴茎软化。

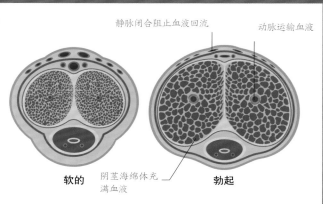

静脉闭合阻止血液回流　　动脉运输血液

软的　　阴茎海绵体充满血液　　勃起

## 精子的惊险"旅程"

在性交过程中，勃起的阴茎插入阴道。当达到高潮的时候，阴茎释放精液，精子就开始了寻找卵子的"旅程"。无数的精子在其尾巴鞭状运动的帮助下，从阴道、子宫颈进入子宫。精子通过输卵管内毛发样细胞的运动继续向前移动。只有大约150个精子能够到达输卵管，而受精通常发生在输卵管上段。剩余的精子则从阴道中自然流出来。

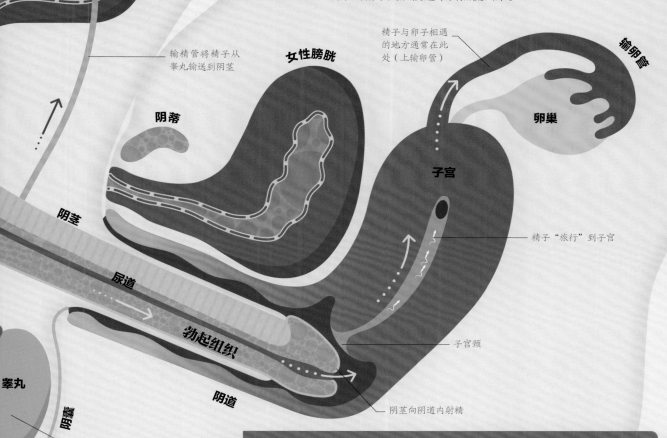

男性膀胱

输精管将精子从睾丸输送到阴茎

女性膀胱

精子与卵子相遇的地方通常在此处（上输卵管）

输卵管

阴蒂

卵巢

子宫

阴茎

精子"旅行"到子宫

尿道

勃起组织

子宫颈

睾丸

阴道

阴茎向阴道内射精

阴囊

阴囊在体外，包含两个睾丸，因为产生精子需要稍冷的温度

### 人体内最大的细胞

卵子（卵细胞）是人体中最大的细胞，肉眼就能看见。卵细胞被一层厚厚的、透明的外壳保护着。而精子是人体最小的细胞之一，平均长约0.05毫米（1/500英寸），且绝大部分都是尾巴。

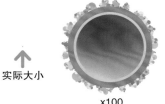

实际大小

x100

x100

0.05毫米 (1/500英寸)

# 月经周期

　　每个月，女性的身体都会为可能的怀孕做准备。约有50万个处于休眠状态的卵细胞储存在卵巢中，等待排卵。当激素水平到达峰值时，一个卵子从卵巢中"蹦出来"，准备受精。如果这个卵子受精了，就会到子宫内膜相对较厚的组织中去着床。

## 月经周期

　　月经周期由大脑中的垂体控制。从青春期开始，垂体就产生促卵泡激素（FSH）。促卵泡激素又促进卵巢中雌激素和孕激素的产生。垂体每月一次脉冲式释放促卵泡激素和黄体生成素，触发一次月经周期。一个成熟的卵子从卵巢中释放出来，子宫内膜会变厚，然后脱落。如果卵子受精后并在子宫内膜着床，这个周期就停止了。随着年龄增长，当卵巢中休眠卵子的数量不足以产生足够的激素来调节月经周期时，该女性就进入了更年期，同时月经周期停止。

### 经期痉挛

　　子宫内层的肌肉在月经期间自然收缩，压缩小动脉以限制出血量。如果肌肉的收缩过于剧烈或时间过长，就会压迫附近的神经，引起疼痛。

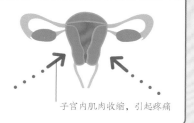

子宫内肌肉收缩，引起疼痛

### 月经周期

每次月经出血的第一天被计为月经周期的第一天。月经周期的长度因人而异，21天至35天之间被认为是正常的。月经周期的平均长度为28天。

**月经**

**排卵**

**3　激素激增**
　　雌激素是由卵巢中成熟卵子周围的卵泡细胞产生的。当雌激素水平到达高峰期，会导致垂体大量释放促卵泡激素和黄体生成素，从而触发排卵。

雌激素

**1　经期出血**
　　如果受精卵未被植入子宫内膜，孕激素的水平就会下降，进而引起子宫血供减少，并导致外层脱落为经血。经血可以作为未发生妊娠的指标。

**2　子宫内膜生长**
　　在月经周期的前两周内，雌激素水平平稳上升，导致子宫内膜生长。

随着子宫内膜脱落，血从阴道流出

**促卵泡激素和黄体生成素**

促卵泡激素和黄体生成素水平的轻微升高刺激雌激素和孕激素的产生

**3 次级卵泡发育**
优势卵泡内形成充满液体的空间，其内卵子继续发育，准备排卵。

卵子通过输卵管（可能在此受精）进入子宫

**4 卵泡成熟**
卵泡可生长至2~3厘米（0.8~1.2英寸），甚至可能从卵巢表面隆起。

输卵管

子宫

充满液体的空间

**2 优势卵泡增大**
一个优势卵泡迅速生长，其他非优势卵泡则停止生长。

卵巢

受精卵植入子宫内膜

卵巢释放卵子

卵泡破裂

卵泡中的卵子

**5 排卵**
垂体中促卵泡激素和黄体生成素激素的激增导致排卵。卵泡破裂，通过卵巢壁释放卵子并进入输卵管。

**1 初级卵泡形成**
促卵泡激素刺激卵巢中几个休眠状态卵泡的生长，并促使这些卵泡释放雌激素。

子宫内膜

被称作输卵管伞的手指状组织边缘帮助引导卵子进入输卵管

**6 退化**
空卵泡塌陷并形成一个被称为黄体的包囊。黄体产生更多的孕激素，使子宫内膜变厚和丰满。

**7 疤痕形成**
如果不发生妊娠，黄体则停止产生孕激素，前者被疤痕组织取代，一个新的周期开始。

**4 激素进一步激增**
排卵后，卵巢中的黄体溶解，产生黄体酮，后者可促进子宫内膜中动脉的生长。这使得子宫内膜变得更柔软，准备好接收受精卵。

孕激素

子宫内膜

**激素的类型**
以下显示的是调节月经周期的关键激素。

促卵泡激素（FSH）和促黄体生成素（LH）

雌激素

孕激素

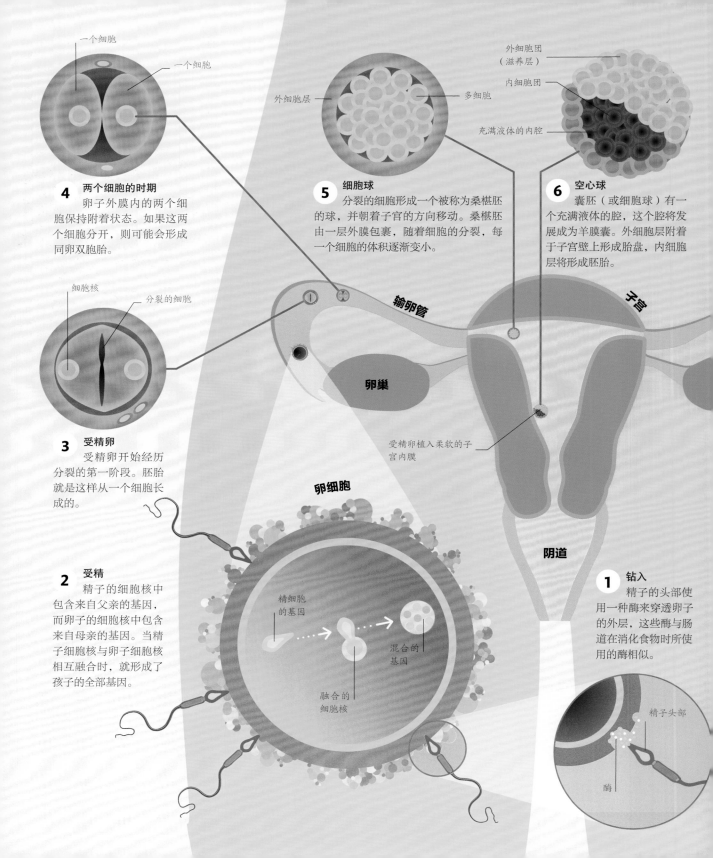

**4　两个细胞的时期**
卵子外膜内的两个细胞保持附着状态。如果这两个细胞分开，则可能会形成同卵双胞胎。

一个细胞
一个细胞

**5　细胞球**
分裂的细胞形成一个被称为桑椹胚的球，并朝着子宫的方向移动。桑椹胚由一层外膜包裹，随着细胞的分裂，每一个细胞的体积逐渐变小。

外细胞层
多细胞

**6　空心球**
囊胚（或细胞球）有一个充满液体的腔，这个腔将发展成为羊膜囊。外细胞层附着于子宫壁上形成胎盘，内细胞层将形成胚胎。

外细胞团（滋养层）
内细胞团
充满液体的内腔

细胞核
分裂的细胞

输卵管

子宫

**3　受精卵**
受精卵开始经历分裂的第一阶段。胚胎就是这样从一个细胞长成的。

卵巢

受精卵植入柔软的子宫内膜

卵细胞

阴道

**2　受精**
精子的细胞核中包含来自父亲的基因，而卵子的细胞核中包含来自母亲的基因。当精子细胞核与卵子细胞核相互融合时，就形成了孩子的全部基因。

精细胞的基因
混合的基因
融合的细胞核

**1　钻入**
精子的头部使用一种酶来穿透卵子的外层，这些酶与肠道在消化食物时所使用的酶相似。

精子头部
酶

# 微小的开始

性交后大约48小时，会有约3亿个精子沿着输卵管"奔向"卵子，抢夺跟卵子结合的机会。在化学物质的作用下，精子被卵子吸引，完成长达15厘米（6英寸）的"旅行"，精子与卵子的结合触发了后续一连串的变化。

**一个卵子的"旅行"**
每个月都会有几个卵子在卵巢内成熟，但是排卵时通常只有一个卵子被排出来。随后，被排出的卵子进入任意一侧输卵管。

## 受精

如果一个女人排卵并发生了性行为，就有受精的可能——精子和卵子结合，为怀孕做准备。当精子穿透卵子外层的那一刻，卵子经历快速的化学变化，其外层会变硬，以防止其他精子进入。精子与卵子结合后被称为受精卵。受精卵进入子宫，开始分裂。受精只是怀孕的开始，等到胎儿出生，还有很长的一段路要走。

### 怀孕是从什么时候开始的？

直到受精卵成功地着床在子宫柔软的内壁上，妊娠才算开始。此时，一个新的生命开始孕育。

## 不孕不育症的答案

男女双方都普遍存在不孕不育症，每6对夫妻就有1对患不孕不育症。女性不孕症可能的原因为：无法排卵、输卵管被堵塞或是她们的卵子太老。而男性不育症可能的原因为：精子数量少，或是精子质量不高。而有一种体外受精的方法是：首先分别将卵子和精子收集起来，将它们放在一个试管里进行"受精"；随后，受精卵继续在体外发育，直到被植入子宫并在子宫内继续发育。另一种更先进的办法是卵胞浆内单精子注射，即直接将精细胞核注入卵子中。

精子　卵子

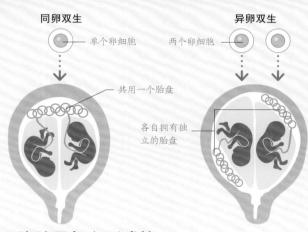

同卵双生　　　　　　　　　异卵双生
单个卵细胞　　　　　　　两个卵细胞

共用一个胎盘

各自拥有独立的胎盘

## 双胞胎是怎么形成的

如果排卵时同时有两个卵子排出，且均受精，就形成了异卵双生的双胞胎。它们的性别可以相同，也可以不同，且每个受精卵都有自己独立的胎盘。而如果一个受精卵在其分裂的早期分开，那么每个胚胎都继续单独分裂，就形成了同卵双生的双胞胎。这样的受精卵各自有各自的胎盘。但是如果这个受精卵分开的时间较晚，则共用一个胎盘。

# 有关生殖的游戏规则

虽然每个人都是一个独特的个体，但是总会携带与家人相似的某些特征。这些特征是由母亲的卵子和父亲的精子所携带的基因代代相传的。

## 遗传特征

基因决定着身体如何发育（参见第23页）。染色体中携带着很多基因（参见第16页）。父亲的每个精细胞及母亲的每个卵细胞所含的基因都是从他们各自的基因中随机选来的。当精子细胞和卵细胞在受精中融合时，其携带的基因也混合在一起，形成一个新的、独特的基因组。如果一个人有兄弟姐妹，他从父母那里遗传的基因可能与兄弟姐妹遗传的基因相似，于是他们具有彼此相似的面部特征或身体形态，以及相似的个性特征或举止。然而，兄弟姐妹间也可以从父母那里遗传少量相似的基因，第一眼看起来，似乎他们之间一点关系也没有。

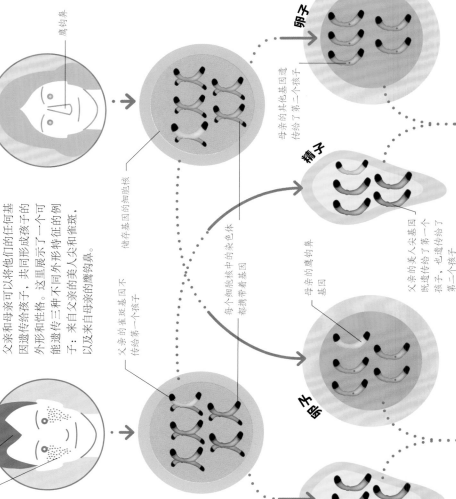

### 可能的特征组合

父亲和母亲可以将他们的任何基因遗传给孩子，共同形成孩子的外形和性格。这里展示了一个可能遗传三种不同外形特征的例子：来自父亲的美人尖和雀斑，以及来自母亲的鹰钩鼻。

美人尖（寡妇尖）

雀斑

鹰钩鼻

父亲的雀斑基因传给第一个孩子

母亲的鹰钩鼻基因

储存基因的细胞核

每个细胞核中的染色体都携带着基因

母亲的其他基因遗传给了第一个孩子

父亲的美人尖基因既遗传给了第一个孩子，也遗传给了第二个孩子

**卵子**

**精子**

**子**

**子**

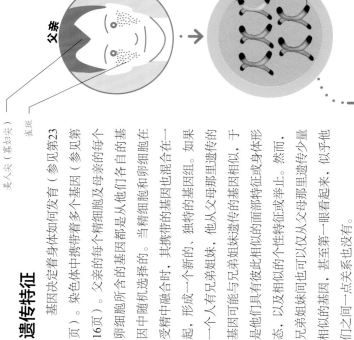

父亲的美人尖基因

### 选择性遗传的特征

每对精细胞和卵细胞的基因组合都不相同。当父亲的精子与母亲的卵子结合形成第一个受精卵时，父亲的精子中含有美人尖基因，母亲的卵子中有有鹰钩鼻基因。但是，父亲的精子中的雀斑基因没有遗传给第一个孩子，而遗传给了第二个孩子。

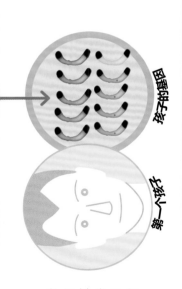

**共有的特征**
第二个孩子既遗传了父亲的美人尖基因，又遗传了父亲的雀斑基因。这对兄（姐）弟（妹）至少共有一个特征，即美人尖。

孩子的基因　第二个孩子

**来自双亲的特征**
第一个孩子遗传了父亲的美人尖基因和母亲的魔钩鼻基因。因此，这个孩子与其父亲均有共同的特征。而他（她）碰巧没有遗传到父亲的雀斑基因。

孩子的基因　第一个孩子

## 显性特征与隐性特征

特征遗传的方式可以是显性的，也可以是隐性的。基因的显性形式和隐性形式被称为等位基因，存在于染色体的同一位置。当存在显性基因时，其特征通常表现出来，而隐性基因只有在显性基因不存在的情况下才会表现出来。如果一个人有游离耳垂（有耳垂），说明他至少有一个显性的等位基因。只有当两个等位基因均为隐性的时候，才会显示出这个隐性基因的特征，即更为罕见的附着耳垂（无耳垂）。

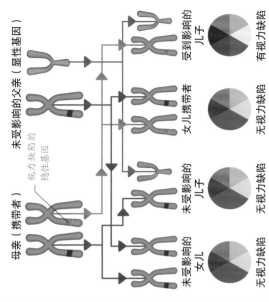

### 伴性遗传

如果一个母亲的X染色体携带着导致视力缺陷的隐性基因，那么她可以通过其另一条X染色体上的显性基因获得正常的视力。一个遗传了该隐性基因的女儿（就像她妈妈那样）则成为该基因的携带者，但其本身的视力不会受到影响。因为显性基因会掩盖掉隐性基因。然而，由于男性只有一条X染色体，任何携带此缺陷基因的儿子都会存在视力缺陷。

母亲（携带者）
视力缺陷的隐性基因
未受影响的父亲（显性基因）

受到影响的儿子　有视力缺陷
女儿携带者　无视力缺陷
未受影响的儿子　无视力缺陷
未受影响的女儿　无视力缺陷

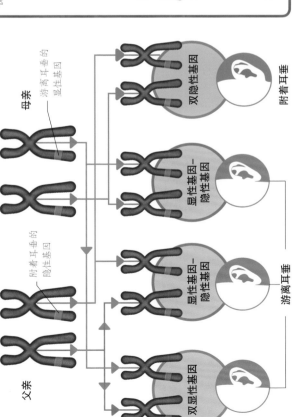

父亲
母亲
附着耳垂的隐性基因
游离耳垂的显性基因

双显性基因
显性基因—隐性基因
显性基因—隐性基因
双隐性基因

游离耳垂
附着耳垂

# 胎儿的发育

新生命的发育是一个神奇的过程。在这个过程中，受精卵在短短的九个月就分裂分化，形成一个发育完全的婴儿。母亲和胎儿之间由胎盘连接。胎盘是一种特殊的器官，可为胎儿提供其发育所需的一切。

## 从细胞到器官

在怀孕的前8周，婴儿被称为胚胎。胚胎发育的过程中，某些基因被开启，某些基因被关闭，以"指导"细胞如何发育。外胚层细胞形成脑、神经和皮肤细胞；内胚层细胞形成主要的器官，如小肠等；而连接内外两个胚层的细胞则发育成肌肉、骨骼、血管和生殖器官。一旦这些主要的结构形成，婴儿就被称为胎儿，直到出生。

**四周的胚胎**
脊柱、眼睛、四肢和器官都已经开始形成。胚胎长度约为5毫米（3/16英寸），重约1克（1/32盎司）。

头
脐带
腿芽
脊柱

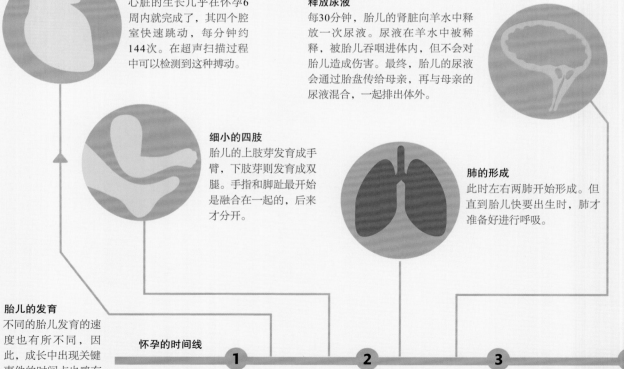

**第一次心跳**
心脏的生长几乎在怀孕6周内就完成了，其四个腔室快速跳动，每分钟约144次。在超声扫描过程中可以检测到这种搏动。

**释放尿液**
每30分钟，胎儿的肾脏向羊水中释放一次尿液。尿液在羊水中被稀释，被胎儿吞咽进体内，但不会对胎儿造成伤害。最终，胎儿的尿液会通过胎盘传给母亲，再与母亲的尿液混合，一起排出体外。

**细小的四肢**
胎儿的上肢芽发育成手臂，下肢芽则发育成双腿。手指和脚趾最开始是融合在一起的，后来才分开。

**肺的形成**
此时左右两肺开始形成。但直到胎儿快要出生时，肺才准备好进行呼吸。

**胎儿的发育**
不同的胎儿发育的速度也有所不同，因此，成长中出现关键事件的时间点也略有差异。

**怀孕的时间线**

1 月
2 月
3 月
4 月

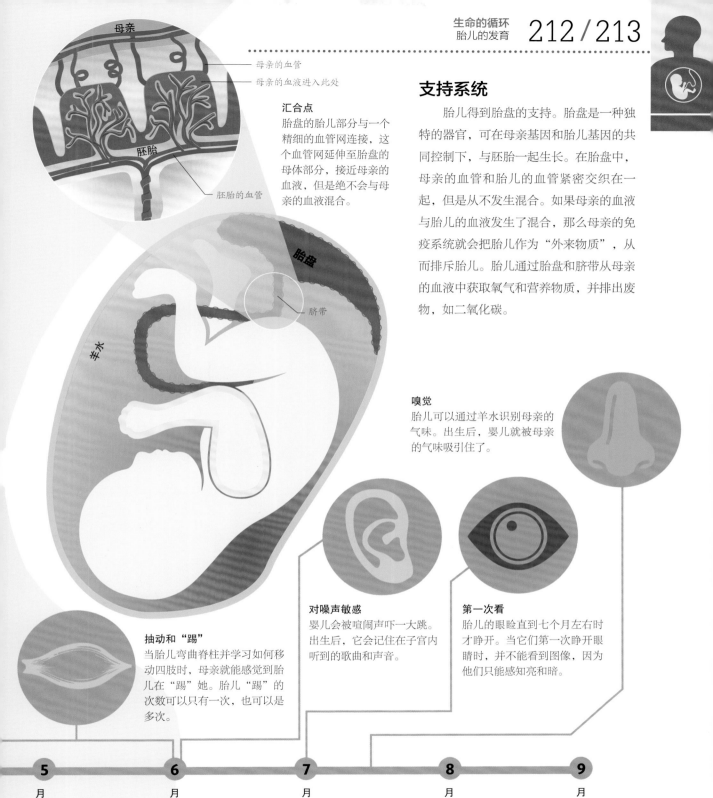

母亲

母亲的血管

母亲的血液进入此处

胚胎

胚胎的血管

**汇合点**

胎盘的胎儿部分与一个精细的血管网连接，这个血管网延伸至胎盘的母体部分，接近母亲的血液，但是绝不会与母亲的血液混合。

## 支持系统

胎儿得到胎盘的支持。胎盘是一种独特的器官，可在母亲基因和胎儿基因的共同控制下，与胚胎一起生长。在胎盘中，母亲的血管和胎儿的血管紧密交织在一起，但是从不发生混合。如果母亲的血液与胎儿的血液发生了混合，那么母亲的免疫系统就会把胎儿作为"外来物质"，从而排斥胎儿。胎儿通过胎盘和脐带从母亲的血液中获取氧气和营养物质，并排出废物，如二氧化碳。

羊水

胎盘

脐带

**嗅觉**

胎儿可以通过羊水识别母亲的气味。出生后，婴儿就被母亲的气味吸引住了。

**抽动和"踢"**

当胎儿弯曲脊柱并学习如何移动四肢时，母亲就能感觉到胎儿在"踢"她。胎儿"踢"的次数可以只有一次，也可以是多次。

**对噪声敏感**

婴儿会被喧闹声吓一大跳。出生后，它会记住在子宫内听到的歌曲和声音。

**第一次看**

胎儿的眼睑直到七个月左右时才睁开。当它们第一次睁开眼睛时，并不能看到图像，因为他们只能感知亮和暗。

5
月

6
月

7
月

8
月

9
月

# 母亲的新身体

婴儿在母亲体内生长对母亲来说是一项了不起的壮举，但也是一项艰巨的任务。母亲的身体在怀孕期间经历了难以置信的变化和妥协。

## 怀孕的转变

怀孕是一个母亲身体和情绪发生巨大变化的时期，这些变化给母亲提出了额外的需求。在这期间，母亲的身体不仅要供给自身的需要，还要为长中的胎儿提供所需要的所有氧气、蛋白质、能量、液体、维生素和矿物质。母亲的身体在处理自身废物的同时，也会吸收胎儿产生的废物。母亲的器官同时支持自己的身体和胎儿的身体，所以怀孕期间的女性容易感觉到疲惫。同时神奇的怀孕也表明母亲的身体具有很好的适应性。

### 大脑

### 逐渐"掏空"的大脑

母亲的大脑可以回收脂肪酸，提供给胎儿的大脑。这可能是众多女性在怀孕末期会产生"糊涂想法"的原因之一。可以通过在母亲的膳食中添加额外的脂肪酸解决这个问题。

### 乳房增大

母亲的乳房和乳头会随着雌激素水平的升高而增大。而另一种激素——孕激素，可以使乳房中产生乳汁的腺体成熟。在怀孕结束时乳房可能开始泄漏初乳或"预奶"。

### 呼吸和心率加快

母亲的血液容量在怀孕期同增加了大约三分之一，因此，心脏泵血更加困难。母亲的心跳搏加快，静脉扩张会变觉，以使血压自然下降。母亲的呼吸也更快，以吸入自身需要的氧气量和胎儿需要的额外氧气量。

### 膈肌

### 肺

## 是什么导致孕妇喜欢吃奇怪的食物？

对"异常"食物的渴望无疑是伴随怀孕出现的最奇怪的现象之一，有可能是身体缺乏某种营养素，就会导致母亲想要吃奇怪的食物。如果母亲吃的是奇怪的食物组合，例如冰激凌就着黄瓜吃，母亲也可能想吃一些非营养性"食物"，如土或煤炭。这种情况相对罕见，但偶尔你也会有。

肝脏

胃

雌激素

孕激素

**脊柱的压力**

随着子宫变大，孕妇的重心也会前移了。为了保持身体平衡，她们很自然地开始向后仰。如此来改变了她们的姿势，并对低位脊柱的肌肉、韧带和小关节造成额外的压力，导致她们腰酸背痛。

**压扁的膀胱**

子宫的快速生长也会压扁膀胱，能容纳的尿液就比较少，因此孕妇会频繁地上洗手间。在怀孕后期，子宫的重量会使得支撑膀胱的肌肉拉伸，当孕妇咳嗽、大笑或打喷嚏时会导致尿液"泄漏"的尴尬情况。

**压扁的胃**

随着胎儿的生长，子宫也会随之长大。这样就把母亲的胃向上往在膈肌的方向推。因此，很多孕妇会因为胃酸反流而感觉到恶心，并且可能还会出现大声打嗝！

**激素"生产者"**

当胎盘形成时，就产生一种被称为人绒毛膜促性腺激素（hCG），可通过妊娠试验检测到这这种妊娠激素。随后胎盘产生雌激素和孕激素的速度不断加快，导致身体发生变化，比如乳房增大。

**腹部生长**

当子宫不断长大，测量耻骨与子宫（底）之间的距离可以估计妊娠处于哪个阶段。子宫底高度为22厘米（9英寸）提示妊娠时间在22周前左右。

**什么是晨吐？**

怀孕早期，内耳的激素水平变化，会破坏孕妇的平衡，引起恶心和头晕，这种现象有点像喝醉了一样。晨吐可以发生在一天中的任何时刻。

**妊娠的最后时刻，子宫的大小可以增大到其正常大小的500倍**

**妊娠纹**

体重迅速增长和皮肤拉伸会导致出现妊娠纹。皮肤深处的弹性纤维和胶原蛋白在正常情况下可保持皮肤的坚实和光滑，但是在怀孕过程中皮肤会变得越来越薄。大多数女性生过孩子后都会出现妊娠纹，但是也有一小部分幸运的女性，妊娠过后没有出现妊娠纹。

# 神奇的分娩

分娩一个新的生命是一次令人生畏和激动的经历。怀孕九个月，母亲和孩子已经准备好了分娩，通常一次分娩需要花费30分钟到几天的时间。

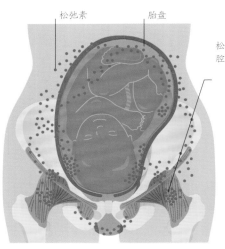

松弛素　　胎盘

松弛素使盆腔韧带变软

**启动分娩**

怀孕后期，胎盘会产生一种被称为松弛素的激素，使骨盆韧带松弛，骨盆变宽，子宫颈和阴道软化并打开（开口），准备分娩。目前，尚不清楚分娩的确切诱因。

## 收缩与扩张

**2　宫颈变宽**

子宫的肌肉收缩，将胎儿的头推向子宫颈，子宫颈逐渐变宽至约10厘米（4英寸）。宫缩是有规律的，令产妇感到很痛苦。通常情况下，这个阶段会持续大约10小时，但（宫缩时间）也可能有变化。

子宫　　　　　　　　　　　胎盘

脐带

子宫收缩

子宫颈开始变宽

阴道

## 羊水流出

**1　羊水**

当婴儿的头压在子宫颈上时，羊膜囊破裂。此时通常会有不到300毫升（10盎司）液体流出。但是与电影里演的不同，羊水并不是一下子飞溅出来的，而是慢慢地流出来的。

羊水通过阴道流出

羊膜囊破裂

阴道

## 分娩的差异

分娩（生孩子）一共有四个阶段，每个阶段可能需要不同的时间。每个女人的每一次分娩经历都不相同，即使她们一生中曾有过多次分娩。分娩的四个阶段可以快速连续地发生，也可以在几天内间断地发生。在第二次怀孕时，到达宫缩阶段所需的时间可能比第一次怀孕更短。

**露顶**

**3** **是时候加压了**

在一次停顿之后，宫缩变得更有力，这也正是母亲感到有必要加压的时候。胎儿被迫进入阴道（产道）。露顶是指第一次可以看见胎儿头部的时候。

胎儿开始离开子宫

宫颈完全扩张

## 足月

妊娠的时间长短可以不同。事实上，20个婴儿中，只有1个是在从怀孕开始所计算的"到期日"出生的。医生认为40周是一次妊娠的足月，前后误差不超过2周。而对双胞胎来说，医生认为37周为足月；对三胞胎来说，医生认为34周为足月。由于双胞胎和三胞胎是在它们发育的更早期阶段出生的，因此需要更多的医护照顾。

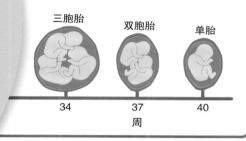

| 三胞胎 | 双胞胎 | 单胎 |
| --- | --- | --- |
| 34 | 37 | 40 |

周

## 出生后会发生什么？

出生后，婴儿开始第一次呼吸。婴儿的循环系统和呼吸系统开始独立于母亲第一次发挥作用。当肺开始呼吸时，血流立即开始变道（不同于其在子宫内的流动方向），以从肺中获得氧气。流回心脏的血液在压力作用下关闭掉心脏上的一个孔，建立起一个正常的血液循环。

**可以从*母亲的胎盘*中收集血液，并作为婴儿的干细胞来源储存起来**

**出生**

**4** **分娩**

最先被娩出的通常是婴儿的头部。这是因为头部是其身体中最宽的部分，且与母亲骨盆最宽的部分在一条线上。当头部被娩出后，婴儿其余的身体就能够顺利通过产道了。而脐带和胎盘是在胎儿出生后再被娩出的。

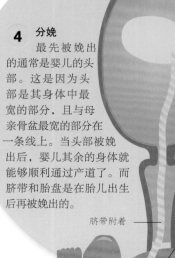

胎盘从子宫壁剥离

子宫

胎儿现在完全被娩出了

脐带附着

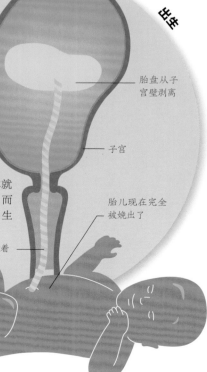

# 为生命做准备

婴儿出生时就具备了可以促其顺利成长和发育的特征。新生儿的颅骨之间具有弹性的纤维间隙，允许颅骨随着大脑的长大也跟着变大。新生儿在出生第一年内迅速生长，体重可变成出生时体重的3倍。

## 婴儿的反射

婴儿出生时有70种以上的生存反射。把手指放在婴儿的脸颊旁边会使他们转过头，并张开嘴巴。这是觅食反射，可以帮助他们在饥饿时找到妈妈的乳头。当婴儿开始定期进食时，这个反射就逐渐消失了。当婴儿跌倒时，抓握反射有助于他们保持稳定。当婴儿处于俯卧位时，会启动爬行反射。后两种反射会持续更长时间才消失。

**1个月**

**1 开始微笑**
在婴儿出生后的第一个月，就可以听见、看见，并且开始认识人、物以及地点。大约在4~6周的时候，会第一次微笑。

**3个月**

**2 尝试翻滚**
3个月的时候，婴儿就可以平衡头部，做踢和扭动的动作，并且开始尝试从背部到身体前面翻滚。

**6个月**

**3 咿呀学语**
此时婴儿开始咿呀学语。可以模仿声音并且回应简单的命令，例如"是"或"否"。

**9个月**

**4 坐起来**
大约9个月的时候，婴儿就可以坐起来，开始蹒跚学步或是爬行。随着运动功能的完善，可以不断地移动。

## 发育的里程碑

在生命的第一年，婴儿会发展出各种帮助他探索周围世界的技能。而生长发育的每一个里程碑，比如第一次微笑和第一次行走，都可以看到婴儿的进步。

**10个月**

**5 双腿行走**
婴儿可能会在10~18个月之间开始直立行走。当紧紧握住某个物体的时候，就可能开始人生第一次直立行走。

**12个月**

**6 认识自己**
12个月的时候，婴儿就可以知道自己的名字；18个月时，开始对自己的形象产生认知。

觅食反射　抓握反射　爬行反射

月　0 1 2 3 4 5 6 7 8 9

# 新生儿脑的大小大约是成年人脑的大小的四分之一

## 专注感

新生儿可以将注意力集中在大小在25厘米（10英寸）内的物体，并能分辨出形状和图案之间的差异。婴儿在子宫内就对母亲的声音很熟悉，他们也容易被与母亲的心跳相似的温柔并有节奏的声音抚慰（觉得舒服）。婴儿同时还能辨别出母亲的气味。

**3天**
最开始，婴儿只能看见黑白两种颜色。婴儿尤其对面孔感兴趣。

**1个月**
1个月左右时，正常的色觉和双眼视力开始发育。

**6个月**
6个月时，婴儿的视力非常好，并且可以分辨出不同的面孔。

母乳喂养改善口腔健康

## 母乳喂养的重要性

母乳是新生儿成长中最重要的食物来源。母乳营养丰富，可在婴儿出生后的前4～6个月为其提供需要的所有能量、蛋白质、脂肪、维生素、矿物质和液体。母乳还可为婴儿提供益生菌、输送预防疾病的抗体和白细胞，以及对大脑和眼睛发育至关重要的脂肪酸。
母乳喂养的好处是多方面的，可影响婴儿的全身骨骼和组织，以及大部分器官。

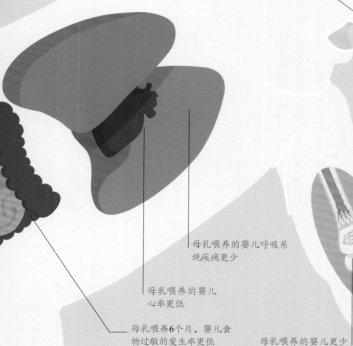

母乳喂养的婴儿呼吸系统疾病更少

母乳喂养的婴儿心率更低

母乳喂养6个月，婴儿食物过敏的发生率更低

母乳喂养的婴儿更少发生幼年性关节炎

## 理解他人

　　1岁到5岁之间的大多数孩子知道别人有自己的思想和观点。这就是所谓的"心智理论"。一旦孩子意识到每个人都有自己的想法和感受，他们就可以学习轮流做事、分享玩具、理解情感，并且享受越来越复杂的"过家家"游戏。在这些游戏中，他们扮演着自己在日常生活中所观察到的别人的角色。

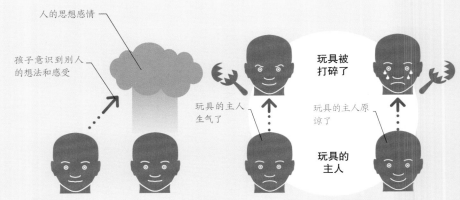

人的思想感情

孩子意识到别人的想法和感受

玩具被打碎了

玩具的主人生气了

玩具的主人原谅了

玩具的主人

**理解他人**
一个拥有"心智理论"的孩子可以预测他人在某种情境下的感受、理解他人行为背后的意图并且判断该做出怎样的反应。

**怨恨**
一个小伙伴故意破坏玩具，会引起孩子（玩具的主人）生气的情绪，因为他理解了这种有"恶意"的企图。

**宽恕（原谅）**
当了解到小伙伴打碎玩具不是故意的，孩子（玩具的主人）明白小伙伴对此很歉疚，也知道两人的友谊仍然存在。

## 稳定的生长

　　儿童期是身体和情感迅速成长的时期。类似于成年人的社交技巧是有益的，孩子们有必要和同龄人在一起玩耍，了解自己、了解彼此、建立界限以及社会纽带。在身体稳定成长的同时伴随着语言功能发展、情感觉知和建立行为准则。这个时期在儿童的大脑中会形成新的神经细胞连接，为智力发育奠定基础。

**儿童时期的发育**
随着儿童的成长，身体的比例逐渐变化，更加接近成人。5岁到8岁期间成长会减慢。

心智理论　3岁

第一个朋友　4岁

理解规则　5岁

# 成长

　　在儿童期到青春期的关键时期，孩子充满了好奇和活力，能很好地掌握语言，理解别人有自己的思想，理解他人的情绪，并且开始积极地探索环境。

2岁到10岁的孩子每小时大约可以提出24个问题

## 建立友谊

现在，许多4岁以上的孩子会同与自己有相似兴趣的同龄人建立起选择性的友谊。这个时候的孩子也会形成对未来的感觉，并且能理解同一个可以与之分享秘密的人建立友谊的价值。

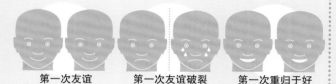

第一次友谊　　第一次友谊破裂　　第一次重归于好

**第一次解决冲突**
拥有心智理论的孩子较容易维持友谊。当两个好朋友发生矛盾时，孩子们可以通过反思朋友生气的原因，从而解决这个矛盾。

## 理解规则

基于规则的游戏可以帮助5岁以上的孩子在遵守规则与想要赢的欲望之间建立平衡，以阻止其作弊和其他不良行为。这有助于他们区分正确与错误，以及在未来的社会中生活。

遵守规则的行为可以获得奖赏

破坏规则

遵守规则

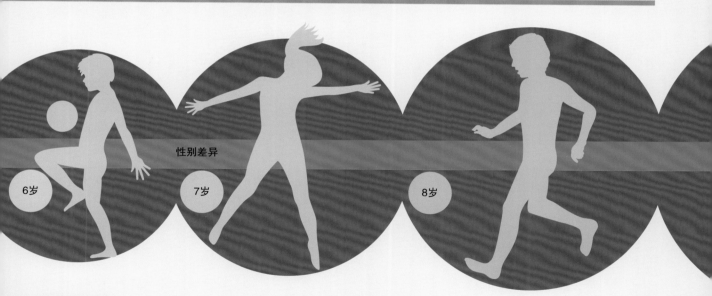

性别差异

6岁　　7岁　　8岁

## 友谊团体

到7岁时，男孩和女孩会发展不同类型的朋友圈，并且每个朋友圈都有各自的等级。男孩子倾向于组成一个大的圈子，其中包括一个领导者、由领导者的亲密朋友组成的核心圈以及外围的追随者。而女孩通常只有一到两个亲密的朋友，这些朋友之间地位是平等的。最受欢迎的女孩子也最有机会成为"最好的"朋友。

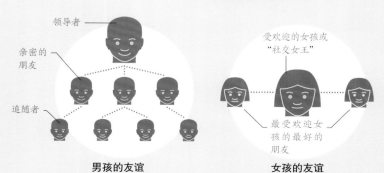

领导者

亲密的朋友

追随者

**男孩的友谊**

受欢迎的女孩或"社交女王"

最受欢迎女孩的最好的朋友

**女孩的友谊**

# 青春期少年

青春期介于儿童期和成年期之间。在这一时期，性器官发育成熟，为将来的生殖做好准备。激素水平的波动会引起青少年情绪和身体的变化，从而使他们表现得情绪复杂多变，喜怒无常或者害羞。

下丘脑

脑垂体

## 青春期开始

当体重和瘦素（脂肪细胞产生的激素）达到一定水平时，下丘脑会释放出大量促性腺激素，导致男孩和女孩身体的变化。

脂肪细胞

### 青少年的大脑

这个时期大脑正在经历变化，即除去旧的神经连接，形成新的神经连接。此时大脑无法"自如"地控制迅速生长的四肢、肌肉和神经，这也是青少年可能感到身体不像平时那样协调的原因。

## 女孩的变化

女孩通常比男孩早一年进入青春期（8～11岁）。女孩的青春期通常在15～19岁结束。

毛

乳房长大

乳房开始发育，乳头变得更加明显。

## 男孩的变化

男孩通常在9～12岁进入青春期。男孩青春期发育的速度可以有很大的差异，青春期通常在17～18岁结束。

变声
激素使喉咙变粗，声带变长变粗，声音加重。

声音变得低沉

毛

胸部变宽

男孩的胸腔变大，并且在胸前可能长出一些毛，但不是所有的男孩胸前都有毛。

子宫和卵巢

阴毛

卵巢产生雌激素，青春期变化加速

**月经开始**
女孩第一次月经大约发生在10～16岁（平均为12岁）。此时排卵尚没有规律，子宫则发育成拳头般大小。

**阴道分泌物**
青春期阴道变长，开始分泌清亮或奶白色分泌物。这也是青春期的第一组征兆之一。青少年的身体体味也会更明显。

**为什么青少年会长粉刺（青春痘）？**

皮肤在青春期激素的作用下开始分泌皮脂腺或油脂腺。但它们刚开始活跃，需要一段时间才能形成稳定的油脂分泌率，因此很多青春期的少年都会长粉刺（青春痘）。

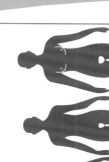

不如同龄人发育得快

12岁的女孩

**早熟者和发育迟缓者**

不同的人进入青春期的年龄不同。在一群同龄人中，有些人可能比其他人更高，看起来更成熟。因此，3个12岁的女孩在身高和体重上可能差异非常大。女孩通常比男孩发育得早，因此对女孩来说，是其进入青春期的"触发点"，大约47公斤（105磅），而对男孩来说，大约55公斤（120磅）才是其进入青春期的"触发点"。

**在青春期，身高激增，每年最多可长高9厘米（3.5英寸）！**

阴毛

睾丸产生睾酮，青春期变化加速

**睾丸产生精子**

**第一次射精**
这一时期，男孩的阴茎和睾丸生长，开始产生精子，可发生第一次射精，且通常在睡梦中发生，称为"梦遗"。

# 变老

变老是一个缓慢且不可避免的过程。人变老的速度取决于基因、饮食、生活方式和环境之间的相互作用。

## 人为什么会变老？

人为什么会变老，至今仍是一个谜。我们知道身体的细胞可以通过分裂来进行自我更新，但是它们的分裂次数也是有限的。分裂次数与染色体末端称为端粒的重复序列相关，每一个细胞的细胞核里都有这样的X形状的DNA组。如果从父母那里遗传的端粒很长，那么细胞就可以经历更多次数的分裂，因此也可以更加长寿。

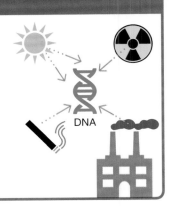

### 自由基

自由基可导致基因损伤，从而引起早衰。日晒、吸烟、辐射、污染都会损伤人体的DNA，产生自由基。而水果和蔬菜中所含的膳食抗氧化剂则有助于中和自由基，增加长寿的机会。

DNA

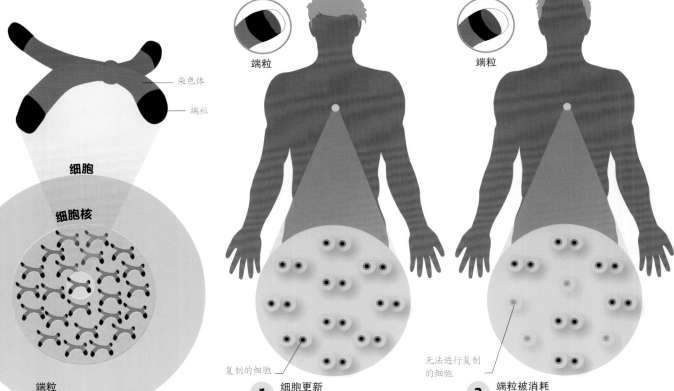

染色体
端粒

端粒

端粒

细胞

细胞核

复制的细胞

无法进行复制的细胞

**端粒**
每条染色体的末端都有端粒，端粒是一段重复的DNA片段。在细胞分裂的过程中，有酶附着在端粒上。这些酶加速了细胞分裂相关的化学反应。

**1 细胞更新**
这些酶锁定在端粒上，准备复制每个细胞。当酶与端粒分离时，会带走一段端粒，因此随着每一次细胞分裂，染色体的长度都会变短一点。

**2 端粒被消耗**
最终，端粒变得很短，以至于酶无法附着并锁定在其上，从而导致细胞无法继续复制或更新。细胞以不同的速率消耗端粒。

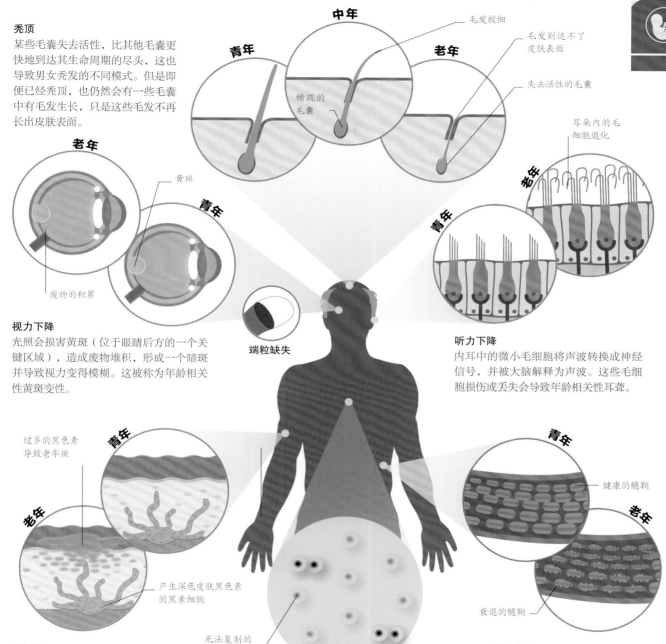

**秃顶**

某些毛囊失去活性，比其他毛囊更快地到达其生命周期的尽头，这也导致男女秃发的不同模式。但是即便已经秃顶，也仍然会有一些毛囊中有毛发生长，只是这些毛发不再长出皮肤表面。

中年

青年

老年

毛发较细

毛发到达不了皮肤表面

失去活性的毛囊

稀疏的毛囊

老年

黄斑

青年

耳朵内的毛细胞退化

老年

废物的积累

**视力下降**

光照会损害黄斑（位于眼睛后方的一个关键区域），造成废物堆积，形成一个暗斑并导致视力变得模糊。这被称为年龄相关性黄斑变性。

端粒缺失

青年

**听力下降**

内耳中的微小毛细胞将声波转换成神经信号，并被大脑解释为声波。这些毛细胞损伤或丢失会导致年龄相关性耳聋。

过多的黑色素导致老年斑

青年

青年

健康的髓鞘

老年

老年

产生深色皮肤黑色素的黑素细胞

衰退的髓鞘

**老年斑**

当皮肤暴露在阳光下时，紫外线会产生自由基。这样会导致细胞产生的色素增多，进而引起色素沉着，产生老年斑。

无法复制的细胞

**3  无法再生**

在老年期，只有少数细胞可以进行自我复制。当细胞不再具有自我更新的能力时，就会慢慢退化，衰老的迹象也变得更加明显。细胞可能死亡，并被疤痕组织或脂肪替代。

**神经衰弱**

大脑中覆盖在神经细胞上的髓鞘会退化，因此，其传导电信号的速度就会减慢。这可能是导致思维迟钝、记忆力下降及感觉减退的原因。

# 生命的终点

死亡是生命周期中不可避免的一部分。当所有为活细胞提供支持的生物学功能停止时，死亡就降临了。一些死亡是由于年龄到了（老年）的自然死亡，另一些死亡则是由疾病和意外造成的。

**死亡的主要原因**
这里所列的是世界卫生组织（World Health Organization）提供的2012年世界范围内死亡的主要原因。

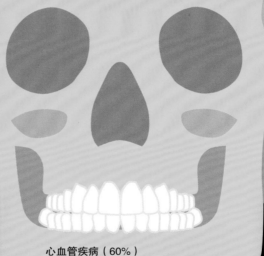

## 导致我们死亡的因素有哪些？

非感染性疾病，如心肺疾病、癌症和糖尿病是最常见的死亡原因。这些疾病多数与不健康的饮食、缺乏锻炼和吸烟有关，但还有一些疾病则是由于营养不良造成的。

**高血压（4%）**
未诊断或诊断后未治疗的高血压对老年人来说可能是致命的。

**腹泻病（5%）**
患有慢性腹泻的人有致命性脱水和营养不良的危险。

**HIV（5%）**
人类免疫缺陷病毒（HIV）引起的死亡人数正在逐年减少。

**道路交通事故（5%）**
2012年，因道路交通事故死亡的人数有很多。

**糖尿病（5%）**
糖尿病患者也可能因心脏病或中风而死亡。

**肺部感染和肺衰竭（16%）**
肺癌和下呼吸道感染共同构成了2012年人类健康的第二大杀手。

**心血管疾病（60%）**
世界范围内，心脏病发作和中风是两大主要死亡原因。

## 财富如何影响寿命？

在高收入国家，10个人当中，就有7个在70岁（或以上）才死亡，这些人的生活质量较高，寿命也较长。而在最贫穷的国家，10个孩子中，就有一个还在婴儿时期就不幸夭折。

世界上每年有1%的人口死亡

## 大脑的活动

　　判断一个人是否死亡的一种办法是扫描大脑的活动。当脑电图（EEG）显示所有脑功能（高级脑和低级脑）发生不可逆性的丢失时，就被诊断为脑死亡。因为大脑不再活动，就没有了自主呼吸和心跳。发生"脑干死亡"的人只有在人工生命支持设备的帮助下才能保持"存活"状态。

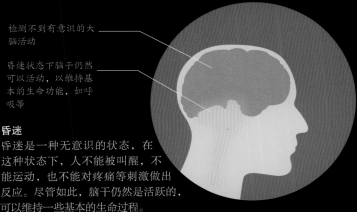

检测不到有意识的大脑活动

昏迷状态下脑干仍然可以活动，以维持基本的生命功能，如呼吸等

**昏迷**

昏迷是一种无意识的状态，在这种状态下，人不能被叫醒，不能运动，也不能对疼痛等刺激做出反应。尽管如此，脑干仍然是活跃的，可以维持一些基本的生命过程。

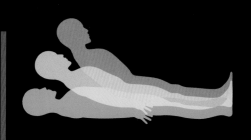

## 濒死体验

　　几乎已经死亡（尚未死亡）的人被抢救回来以后，常常会报告类似的感觉，如悬浮起来、俯视自己的身体以及在隧道的尽头看到一道亮光等。对这种濒死体验的其他常见描述还包括他们对早期生活的回忆或生动的记忆，并且被强烈的情感所征服，例如欢乐和宁静。导致这些体验的原因可能是氧水平的改变、大脑中化学物质的突然释放或者电活动的刺激。不管怎样，至今尚没有人真正知道其本质原因。

## 死亡后的身体

　　当心脏停止泵血时，身体的细胞就再也不能获得其所需要的氧气或是将毒素排除出去了。肌肉细胞的化学变化和身体的整体冷却导致四肢在经历最初的松弛期之后变得僵硬。这种僵硬被称为尸僵，而尸僵在两天之后又消失了。

**僵硬**
尸僵首先始于眼睑，并根据周围的温度、死者年龄、性别和其他因素以不同的速度传至其他部位的肌肉。

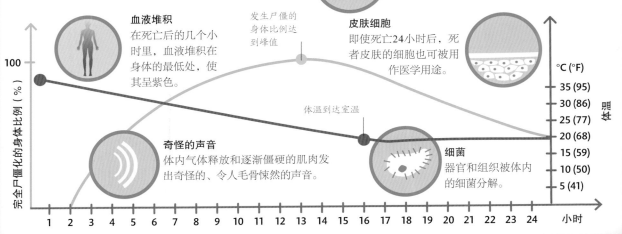

**血液堆积**
在死亡后的几个小时里，血液堆积在身体的最低处，使其呈紫色。

发生尸僵的身体比例达到峰值

**皮肤细胞**
即使死亡24小时后，死者皮肤的细胞也可被用作医学用途。

体温到达室温

**奇怪的声音**
体内气体释放和逐渐僵硬的肌肉发出奇怪的、令人毛骨悚然的声音。

**细菌**
器官和组织被体内的细菌分解。

100

完全尸僵化的身体比例（%）

°C (°F)
35 (95)
30 (86)
25 (77)
20 (68)
15 (59)
10 (50)
5 (41)

体温

1 2 3 4 5 6 7 8 9 10 11 12 13 14 15 16 17 18 19 20 21 22 23 24 小时

# 有关心智和精神
# 方面的几个问题

## 学习的基础

当人学习到新的知识、能力，或是对刺激做出反应时，神经细胞之间就会形成连接。信息通过神经递质（由神经细胞释放的化学物质）从一个细胞传递到另一个细胞。人们越频繁地记忆所学的知识，细胞就会发送越多的信息，细胞与细胞之间的连接就越强。

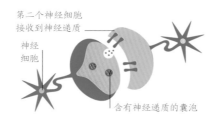

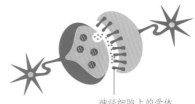

### 学习前
最初，当神经细胞受到触发时，只释放少量的神经递质，而且在接收神经细胞上也只有少量的受体。

### 学习后
神经细胞释放更多的神经递质，而第二个神经细胞上形成更多的受体，这样就加强了它们之间的连接。

---

## 学习的类型

人们根据知识的类型以及知识呈现的形式以不同的方式学习知识。某些技能的学习过程有一个"关键期"，在此期间人们可以完全掌握这项技能。比如，对于成年以后再去学习一门新的语言的人来说，由于错过了习得语言基本发音的关键期，在说这门语言时，可能就会带着口音。

**学会忽略一些信息**

### 不重要的信号
当人们遇到新的刺激，就会自动去关注它。但是如果这个刺激并没有发出什么重要的信号，人们就会忽略它。

对某个声音大吃一惊

对某个声音完全没有反应

**行为强化**

### 奖赏和惩罚
因行为良好获得奖励或行为不良受到惩罚，可帮助人们理解一些概念，比如，哪些行为是可以接受的，而哪些行为是绝不可以接受的。

受到奖赏的行为

受到惩罚的行为

**联想学习**

### 联想学习
当两个事件极为类似时，人们就学会将它们联系起来。例如，如果人一直在铃声响的时候吃东西，那么听到铃声就可能会刺激他的食欲。

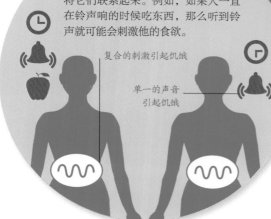

复合的刺激引起饥饿

单一的声音引起饥饿

## 学习技能

大脑中神经细胞之间的连接使得人们持续不断地学习成为可能，这种学习通常不需要有意识的努力，而不断重复训练有助于保持这些技能。

探索一个新领域可形成新的神经细胞连接，从而增加大脑的体积。

## 人们在什么年纪学到的东西最多？

儿童时期，人的认知、运动和语言技能都会突飞猛进。例如，2岁的儿童，通常每周能学会10～20个单词。

了解什么是重要的

记忆里储存的知识

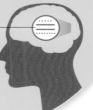

### 学习知识

当人们获得信息，如果认为这些信息值得记忆，就会把这些信息碎片储存在长期记忆中。这种对于信息重要性的判断可以是有意识的，也可以是潜意识的。

在后期需要的时候，知识会进入大脑

在考试时所使用的知识

学习运动（运动技能）

### 自动的行为

当人学习开车时，不仅要注意自身的运动，还要关注交通情况。通过重复，逐渐习得了开车的身体动作，并将其变成自动的行为，使人在开车的时候也能分一点注意力给其他事物。

全神贯注于开车

一边开车一边聊天

对事件的反应

### 情境记忆

通过回顾过去的经验，人们学会了避免一些对自己不利的情况，例如雨天记着带雨伞。

曾经有过雨天被淋湿的经历

过去经历的记忆改变了现在的行为

## 为考试复习

当某些记忆内容开始逐渐消退，对这些信息进行复习可以增加人们对其的记忆强度（每复习一次，增加一次），这样就保证了人们将所学的信息储存在长期记忆中。经常且少量地重温旧知识是最好的学习方式。当人为了一次考试或演讲而临时抱佛脚时，会迅速获得很多信息，但是这种信息如果不加以温习的话，就会很快被忘掉。这也是为什么死记硬背只在短期有效的原因。

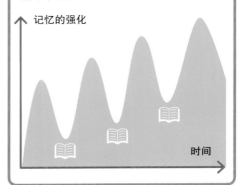

记忆的强化

时间

# 记忆的产生

每一次经历的一些事，大脑就会对之形成记忆。无关紧要的小事情和改变生活的大事件都会被大脑储存起来。人们能否记住它则取决于是否经常去回顾这些事情。人的经历可以暂时储存在短期记忆中，而如果这个经历很重要的话，就会被转移到长期记忆中。

## 为什么人会体验到"既视感"

有时候，在陌生的环境中，人会产生熟悉的感觉。这可能是因为相似的记忆被唤起，但是与当前的情境发生混淆，因此，在没有具体记忆的辅助下，产生了这种认知感觉。

### 1 感觉记忆？

当人感觉到某种东西时，即使在无意识状态下，也会创造一段短暂的记忆。它储存在感觉记忆中，并且除非将它转移到短期记忆中，否则会在1秒钟内消失。

### 2 神经信号

记忆的编码是指感觉记忆形成真实记忆的过程。当人注意到感觉记忆时，它可以进入意识，并更加迅速地触发编码记忆的神经细胞。随之，神经细胞连接被暂时性得到增强，形成短期记忆。

### 3 巩固

将新的经验与已经形成的记忆相比较，可以为形成新的记忆提供背景。伴随情感的记忆和重要的记忆相比一般的记忆要更强烈，因而不太可能丢失。睡眠有助于更加有效地巩固记忆。

触摸　听见　闻到　看到　尝到

编码

之前的记忆为新的记忆提供背景

最终的记忆

巩固

## 短期记忆

人的短期记忆可以保留大约五到七条信息。这些记忆（例如电话号码或方向），只在需要时被储存。重复记忆可延长短期记忆的时间，但是如果有重复时候被打扰（分心），人们常常会将其忘掉。短期记忆被认为是基于大脑前额叶皮层的临时活动而形成的。

神经细胞

约30秒

## 记忆遗忘

不重要的记忆被丢失

# 长期记忆

最新的观点是，长期记忆可储存无限量的信息。最有可能被终生记住的信息包括那些对人的情感有重大影响的事件或人物，比如一场婚礼；或者那些在语义上非常有价值的词语，比如配偶的名字。这些记忆与大脑中记忆相关区域（如海马体）的生长有关，长期记忆比短期记忆更为稳定。

## 记忆混淆

当人回忆起某条信息时，这条记忆就进入一个不稳定而容易改变的状态。在一对这条记忆重新整合的过程中无意间向这个不稳定的记忆里添加一些别的信息。这些新的信息将成为记忆中不可分割的一部分。

真实的记忆

虚构的信息

"作为"真实"的记忆被唤起

---

神经细胞连接

总

## 记忆的回顾

**1** 当人回想起某一条信息时，编码它的神经细胞就被重新激活。每次发生这种情况时，就会产生更多的神经细胞连接，而现有的神经细胞连接也会被强化。因此，记忆就不太可能被遗忘。但是如果人不经常回想这些记忆，记忆就可能会丢失。

总

记忆被遗忘

神经细胞的连接被强化

---

**2 储存**

几个月后，神经细胞之间的连接可能变成永久性的。特别难忘的经历可以在当天就直接进入长期记忆。

月

**3 记忆逐渐消失**

如果一件事情发生了几个月甚至几年后，人都不再去回想它，那么，这段记忆就可能会逐渐消失。一些特殊事件中的具体细节，比如在自己的婚礼上吃了什么，可能会被遗忘。

年

**4 记忆的丢失**

最终，多数记忆都会消失，即便是那些很重要的记忆了！目前还不清楚这些（丢失的）神经细胞连接是否消失，或者它们是否仍然存在，只是人们无法访问它们而已。

几十年

储存的记忆

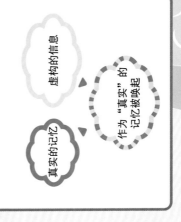

假期　日期　家庭生活

生日　旅行　关系

# 入睡

睡眠是一种奇怪的现象。我们每天都会睡觉，但是并不知道为什么要睡觉。睡觉可以使身体和大脑有足够的时间来修复，清除一天中积累的毒素并增强记忆。剥夺自己的睡眠就是对自己的身体"征税"。

**早上7点**

**早上6点**

**早上5点**

**早上4点**

### 身体瘫痪（没有力气）

在快速眼动睡眠期间，人的身体处于"瘫痪"状态，因此无法将梦"表演"出来，而且有可能在这一期间醒来。在这种可怕的经历中，人处于半清醒状态，但是却动弹不了。

*睡了一个好觉之后，睡眠压力很低*

*腺苷在睡眠过程中分解*

### 睡眠压力

人保持清醒的时间越长，睡眠压力就越大。这种压力是由诸如腺苷之类的化学物质增加而引起的，它们通过抑制大脑中的神经元而引起感觉疲劳。白天越活跃（运动得越多），产生的腺苷就越多。

### 快速眼动睡眠（REMs）

绝大多数的梦都发生在快速眼动睡眠时期。如果在这个阶段醒来，人很可能会记得做过的梦。做梦的时候，眼睛会在眼睑下方移动。

**凌晨3点**

**凌晨2点**

*睡前，睡眠压力是最高的*

### 梦游

梦游最有可能发生在深睡眠时期，但是为什么会发生这种现象仍然是个谜。在梦游时，人可以到处走、吃饭，甚至是开车！

**凌晨1点**

四级睡眠

三级睡眠

二级睡眠

一级睡眠

快速眼动睡眠

深睡眠

**深夜12点**

清醒

*在刚入睡的时候，几乎不会进入快速眼动睡眠*

浅睡眠

# 人的一生中，三分之一的时间都在睡觉，但人们始终不清楚为什么要睡觉

## 避免瞌睡

有许多人都通过饮用咖啡来帮助自己保持清醒。咖啡是通过阻断大脑中一种叫作腺苷的化学物质来实现提神作用的，而腺苷则是使我们感到困倦的"罪魁祸首"。但是当咖啡的作用时间过去之后，人会突然感觉到很累。

## 睡眠的阶段

人每天晚上会经历不同的睡眠阶段。一级睡眠是介于睡眠和清醒之间。在这个阶段，随着肌肉活动的减慢，可能会发生抽搐。当进入真正的睡眠阶段，也就是二级睡眠时期，心率和呼吸都会变得均匀。在深度睡眠中（三级和四级睡眠），脑电波变得更加缓慢并且有规律。当经历过其他水平的睡眠之后，可能就会进入快速眼动睡眠状态。在快速眼动睡眠中，人的心率增加，脑电波看起来和清醒时候的脑电波相似。

### 典型的8小时睡眠

这里展示了一次典型的8小时夜间睡眠的各个阶段。人不断地在不同等级的睡眠（以90分钟为一个回合）中切换，并在中间穿插着快速眼动睡眠。

| | |
|---|---|
| ■ 清醒 | ■ 三级睡眠 |
| ■ 快速眼动睡眠 | ■ 四级睡眠 |
| ■ 一级睡眠 | ‖‖ 睡眠压力 |
| ■ 二级睡眠 | |

### 影响的范围

如果不睡觉，人的身体和认知就会受到一系列影响。长期的睡眠剥夺甚至会引起幻觉。

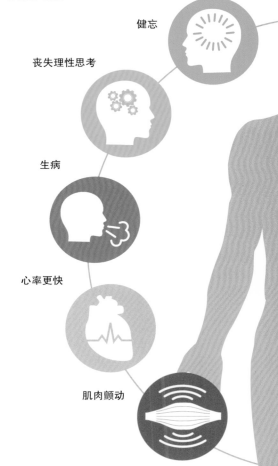

健忘

丧失理性思考

生病

心率更快

肌肉颤动

## 如果不睡觉

长时间不睡觉会引起不愉快的体验。当人疲劳时，大脑会对调节快乐（幸福）的神经递质（化学物质）反应迟钝。这就是为什么疲劳的人情绪多变。睡觉时，大脑可以进行自我恢复，并对这些神经递质十分敏感。人清醒的时间越长，睡眠不足造成的（不利）影响就越大。

# 进入梦乡

大脑收集并整合人们对人、地点和情感的记忆，创造出有时很复杂、但常常令人困惑的虚拟现实，也就是梦。

## 梦的建立

在快速眼动睡眠时期，大脑远非睡眠状态。这个时期是大脑非常活跃的时期，也是做梦最多的时期。做梦时，大脑中与感觉和情感相关的区域尤其活跃。此时，由于大脑消耗氧气的速度和在清醒时消耗氧气的速度相似，因此，心跳和呼吸的速率都很高。人们认为梦与大脑如何处理记忆有关。

## 梦游与梦话

梦游发生在慢波睡眠或是深睡眠时期。在这种睡眠状态下，人的肌肉不会"瘫痪"（但在快速眼动睡眠时期，肌肉却会"瘫痪"）。脑干将神经信号传至大脑的运动皮层，使人把梦"表演"出来。这在睡眠不足时更为常见。在快速眼动睡眠时期，如果那些使肌肉麻痹的神经信号被中断，就可能发生"说梦话"的行为，也就是暂时允许人在梦中发出声音。而当人从一个睡眠水平转移到另一个睡眠水平时，这种情况也有可能发生。

大脑的运动区域活跃

大脑的语言区域活跃

说梦话

梦游

## 人每晚花在做梦上的总时间约为 **2** 小时。

### 非理性思维

**逻辑障碍**
大部分理性思维发生在大脑的前额叶皮层，在睡觉时这里处于不活动状态。人会将梦中一些疯狂的事件当成是正常的，因为梦中的自己无法辨别什么是正常，什么是异常。

### 无感觉输入

**感觉的重温**
人的大脑在睡着时几乎接收不到新的感觉输入，所以大脑中处理感觉信号的部位是不活动的。人在梦中也能够有"感觉"，那是因为人正在重新体验清醒时有过的一些感觉而已。

**快速眼动睡眠**
快速眼动睡眠时期脑干中的神经信号调节脑的活动。"快速眼动睡眠的开启"神经和"快速眼动睡眠的关闭"神经之间的交互作用控制着人什么时候进入快速眼动睡眠以及进入快速眼动睡眠的频率。快速眼动睡眠中唯一活跃的肌肉是控制眼球运动的肌肉，所以当人在做梦时，眼睛会转动。

**快速眼动**

**身体"瘫痪"**

**无法动弹**

控制意识运动的运动皮层是不活跃的。脑干向脊髓发送神经信号，引起肌肉"瘫痪"，从而阻止梦游的发生。此时，不会产生可刺激运动神经的神经递质。

## 记忆巩固

　　睡眠对记忆的储存十分重要，良好的睡眠有助于保存新信息。梦被认为是大脑加工信息的副产品，可整合新的信息以及忘掉那些不重要的记忆。

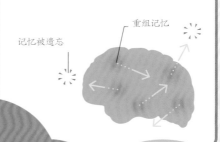

记忆被遗忘

重组记忆

**情绪失控**

大脑中央的情感中枢是高度活跃的，人在做梦时可能会经历一系列情绪。大脑的这些区域包括杏仁核，杏仁核负责调节人对恐惧的反应，因此在梦魇中十分活跃。

**情绪反应**

**空间意识**

**感觉到运动**

即便人在做梦的时候身体并没有移动，也可能会感觉自己是在运动。睡觉时，控制人的空间意识的小脑可能会变得十分活跃，从而出现在梦中奔跑或是坠落的情境。

前额叶

运动皮层

感觉区域

情感皮层

视觉皮层

小脑

脑干

**心理意象**

**再次混合的记忆**

睡觉时，大脑后部的视觉皮层是活跃的，因为它可以借助过去经历的事件形成梦中的情境。这些事件包括去过的地方、见过的人，甚至接触过的物体。它们可以是有着强烈情感寄托的东西，也可以是随意一件物品。

# 所有情感（情绪）

　　情感会影响人们做决定，并且占据了人们大部分清醒的时间。由于维护社会关系对人类祖先维持生存至关重要，因此，人类如今已进化到可以读懂他人的情感。而理解了情感的形成机制后，我们知道行为也能影响情感。

## 基本的情感

　　人类有一些普遍存在的基本情感。即便是两个文化相隔甚远的人，也能对幸福、悲伤、恐惧和愤怒的面部表情产生相同的认知。将这些情感结合起来，人可以体验到大量更加复杂的情感。

**我们悲伤的时候，为什么会哭泣？**

　　当人们感到悲伤或有压力时，眼泪会分泌像皮质醇这样的压力激素，这也正是为什么痛哭之后人们会感觉好一点的缘故！

### 恐惧与愤怒

尽管恐惧、愤怒与不同的激素相关，但是身体对这两种情感的反应非常相似。而人感到生气还是害怕，则由大脑决定。

### 幸福和悲伤

人的大脑和大肠可产生诸如5-羟色胺、多巴胺、催产素和内啡肽等激素，这些激素水平升高可以使人感到幸福（快乐）。如果这些激素水平较低，则会导致悲伤。

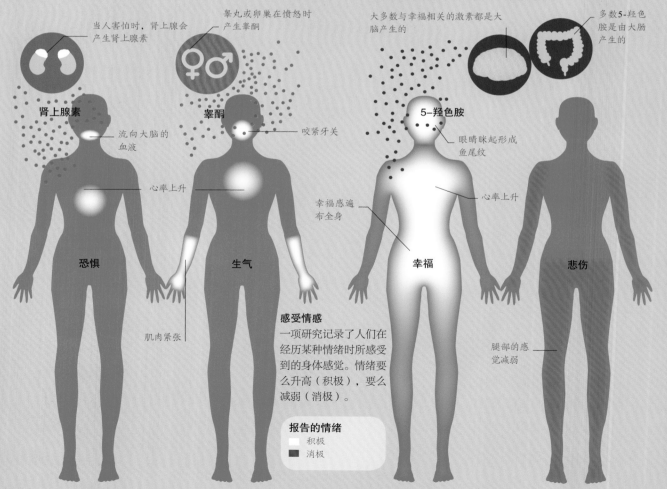

当人害怕时，肾上腺会产生肾上腺素

睾丸或卵巢在愤怒时产生睾酮

大多数与幸福相关的激素都是大脑产生的

多数5-羟色胺是由大肠产生的

肾上腺素

睾酮

5-羟色胺

流向大脑的血液

咬紧牙关

眼睛眯起形成鱼尾纹

心率上升

心率上升

幸福感遍布全身

恐惧

生气

幸福

悲伤

肌肉紧张

腿部的感觉减弱

### 感受情感

一项研究记录了人们在经历某种情感时所感受到的身体感觉。情绪要么升高（积极），要么减弱（消极）。

**报告的情绪**
- 积极
- 消极

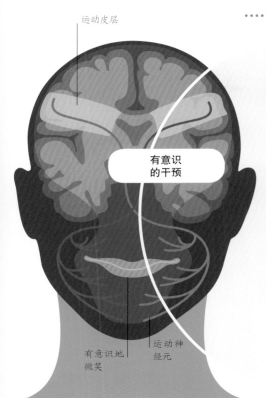

运动皮层

有意识
的干预

有意识地微笑

运动神经元

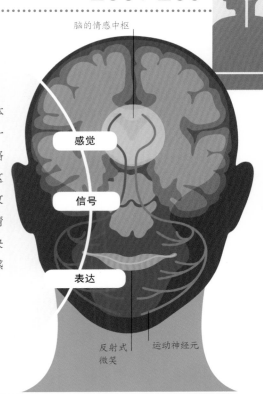

脑的情感中枢

感觉

信号

表达

反射式微笑

运动神经元

## 情感是如何形成的

情感包括感觉、表情和躯体的表现。看起来似乎感觉是第一位的，然而身体有一条反馈回路可以调节情绪，反之亦然。在这个回路中的某一点，可以通过改变反应来加强、抑制或是改变情感（情绪）。例如，如果感到快乐，那么继续保持微笑会使人感到更加快乐!

**有意识的面部表情**
当开始体验一种情感之后，可以通过改变面部表情来隐藏或强化内心的真实情感。这个动作是由运动皮层的神经通路自觉控制的。

**反射式面部表情**
当体验到情感时，就会不由自主地出现面部表情。例如，当听到好消息时，会忍不住微笑。这些反射动作被认为是由大脑中的情感中枢杏仁核发出的信号。

人在跑步时出现的"跑步者的愉悦感"是由大脑中的天然化学物阿片类物质引起的

### 为什么人们会有情感?

专家认为情感是作为前语言交流方式发展的。通过理解情感信号，人们可以形成更强的社会关系。人们可以通过面部表情表明需要他人帮助、对所做的事情感到抱歉，或者以生气的模样警告他人不要靠近。然而，一些科学家认为情感有一个更为简单的解释，比如由于恐惧而睁大眼睛可以帮助我们看得更清楚，皱鼻所表达的厌恶情感可以使人避开空气中有害的化学物质。

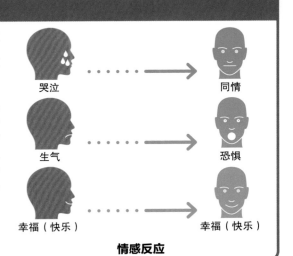

哭泣 → 同情

生气 → 恐惧

幸福（快乐）→ 幸福（快乐）

**情感反应**

# 战斗还是逃跑

当人受到威胁时，身体就会采取行动。大脑向身体发出信号，引起各种身体变化，或者面对挑战，或者逃跑。

## 激活身体的反应

你是否曾经被花园里的橡胶软管吓到，而后才意识到它其实并不是蛇？人在意识到威胁之前，大脑会激活神经系统，促使肾上腺分泌激素。同时，这条信息还会通过一条更长的路径传到到大脑皮层，并由大脑皮层中的意识大脑区域来分析这个威胁是否真实存在。如果并不真实存在，已经触发的身体反应则会平静下来。

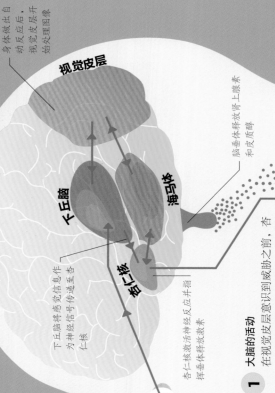

**皮层**

**视觉皮层**

身体做出自动反应后，视觉皮层开始处理图像

**下丘脑**

**海马体**

**杏仁核**

下丘脑将感觉信息作为神经信号传递至杏仁核

杏仁核激活神经反应并指挥垂体释放激素

脑垂体释放肾上腺素和皮质醇

### 1 大脑的活动

在视觉皮层识别到威胁之前，杏仁核就已经指挥身体采取行动了。视觉皮层充分分析图像，以检查威胁是否真实存在；同时身体反应会做出相应的调整。此外，大脑皮层还会翻阅海马体中储存的记忆，以确认过去是否也面临过这样的威胁。

**脑垂体分泌激素**

**神经信号**

### 2 两条途径

来自大脑的信号通过神经传到到身体。同时，垂体产生的激素也释放出来。但是神经信号的传递速度比激素的传递速度快。因此，神经信号可触发肾上腺产生激素。

人在压力大的时候，可能会体验到"管状视野"（隧道视觉），从而注意不到周围发生了什么

蛇

免疫系统的活动下降

脂肪燃烧，以提供能量

血糖升高

**5 长期效应**

几分钟和几小时后，来自肾上腺的信号继续引起一连串的反应。血糖升高，储存的脂肪被代谢（燃烧）为能量。这样肌肉就可以继续发挥其全部潜能。而一些不重要的过程，会停下来，以保证免疫系统的活动，会停下来，以保证有更多的能量。

**肾上腺**

**现代生活的压力**

现代生活的压力与人类祖先所遇到的压力类型有很大的不同。现在的压力通常会持续更长时间，不能通过"战斗或逃跑"反应来解决。短期内，压力是有好处的，但长期持续的压力会影响人体健康，引起头痛和其他疾病。

长期持续的压力

瞬时压力

**3 激素的产生**

垂体发应于肾脏上方的肾上腺产生更多的肾上腺素和皮质醇。这样就增加了压力的效应。

血管收缩

血液流向肌肉

心率上升

呼吸的频率上升

瞳孔放大

**4 短期效应**

几秒钟之内，人体的心率和呼吸的频率都上升，以促进氧循环。靠近皮肤的血管收缩，使得脸色苍白。而膀胱的肌肉松弛，可能导致尴尬的"尿失禁"！

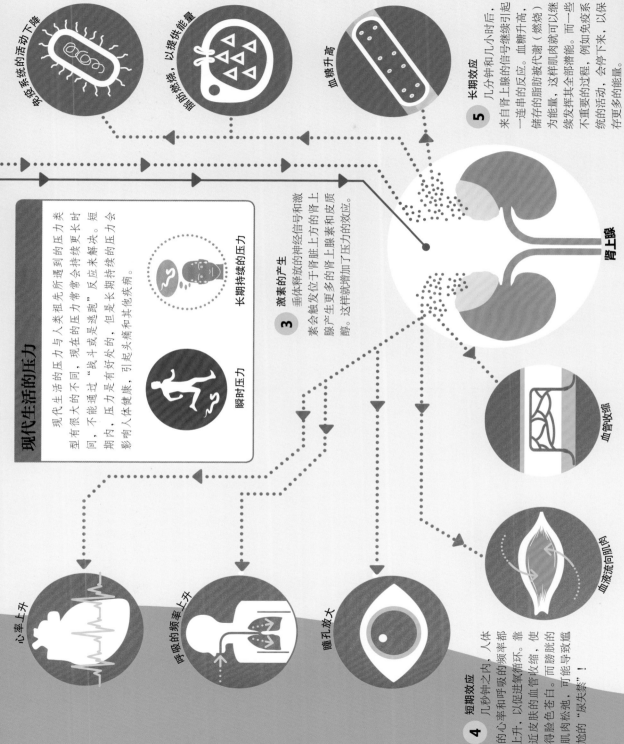

# 情感的问题

人类情感是由大脑中的化学物质及电路的平衡所控制的，当某些化学物质不平衡时，就会导致情感障碍。专家们曾经认为情感障碍纯粹是精神上的，但是现在他们发现情感障碍患者也存在某些身体上的改变。

## 恐惧症

当人对特定对象或处境产生异常强烈和不必要的恐惧情绪时，就称其患有恐惧症。由于蛇会带来致命危险，因此人对蛇产生警惕心理是符合一定逻辑的。如果导致其恐惧的事物扩展到图片或玩具，并且开始影响日常生活，就发展成为恐惧症。恐惧症可以随着时间的推移而发展，可在幼年时出现，也可与涉及刺激的事件相关。

暴露可以是渐进的，也可以是突然的

**1 恐惧**
害怕高空、蜘蛛等进化威胁的恐惧症案例要比害怕枪支、汽车等现代事物的恐惧症案例多，这表明人们只会对某些事物产生恐惧。

急性焦虑症

症状

**2 暴露**
针对恐惧症唯一的治疗办法就是将患者暴露在刺激面前，告诉患者，令他们感到恐惧的事物其实是无害的。

治疗

**3 治愈**
当患者发现确实没有什么不好的事情发生时，恐惧情绪就会消退，身体也会学着对这一刺激不再感到害怕。

治愈

## 强迫症

强迫症患者遭受消极思想的入侵，导致强迫行为出现，并错误地认为这种行为可以缓解焦虑。强迫症可能是由于连接大脑额叶和大脑深部的区域过度活跃导致的。大多数强迫症患者通过治疗是可以控制的。

症状

治疗

**3 治愈**
当发现没有什么不好的事情发生时，患者的焦虑就会减少，从而打破这个破坏性的循环。

对思维的干扰停止

**1 重复行为**
一种不舒服的（通常是不理性的想法）感觉会进入大脑，并导致重复的行为发生。常见的例子包括频繁洗手或频繁按开关等。

重复的行为

焦虑的来源

**2 注意力减少**
当患者产生消极思想时，可通过治疗避免其做出强迫行为。

消极思想开始停止

重复的行为消失

治愈

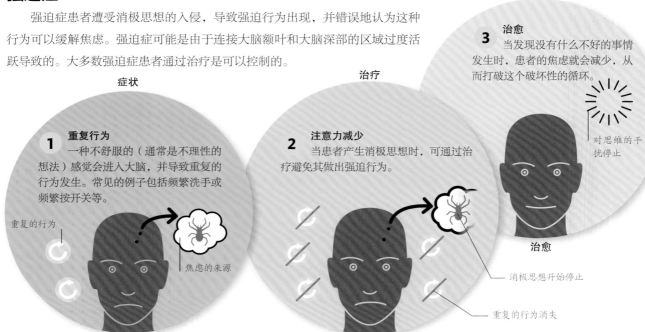

---

1 译者注：进化威胁是指人类进化过程中受到的威胁。古时候像高空、蜘蛛这类威胁会危及人类的安全，而枪支和汽车是后来才出现的。

## 创伤记忆

　　一些人发生创伤之后，会经历闪回（倒叙）、过度警觉、焦虑和抑郁等状态或情绪，这些都是创伤后应激障碍（PTSD）的症状。痛苦时，回忆创伤记忆（不像普通的记忆）会引发一种"战斗或逃跑"的反应。可以通过心理疗法或药物来完成治疗。

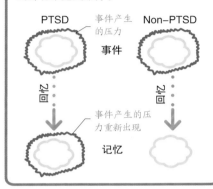

**大脑的活动**

由于将曾经令人愉快的刺激与消极情绪连接起来而导致下丘脑兴奋

大脑的情感中心是高度活跃的，正在处理愤怒、悲伤和痛苦

前额叶皮层的活动减少，影响注意力、记忆力和处理事务的能力

## 抑郁

　　抑郁症的症状包括情绪低落、冷漠、出现睡眠问题和头痛。它被认为是由大脑内的化学失衡引起的，导致某些区域变得过度活跃或活跃不足。抗抑郁药可以通过提高化学物质的水平来帮助大脑恢复这种平衡，但药物只是缓解症状，而不能从根本上治愈。目前对抑郁症的治疗观念是，将它当作一种身体疾病而不是精神疾病来对待。

## 双相障碍

　　双相障碍表现为情绪从躁狂到极度抑郁交替发作，具有高度遗传性（可在家庭成员中传播），但往往是由一个压力较大的生活事件所触发的。双相情感障碍是抑郁症的一种亚型，被认为是由于大脑中某些化学物质失衡引起，包括去甲肾上腺素和5-羟色胺，这导致大脑的突触变得过度活跃（躁狂）或不够活跃（抑郁）。

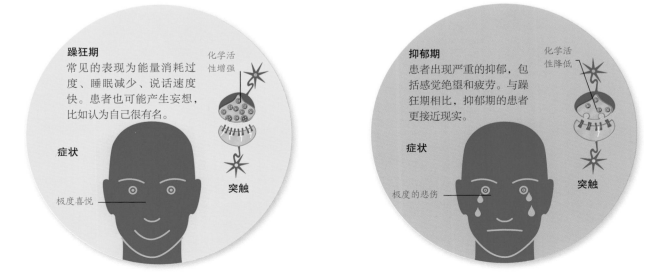

**躁狂期**
常见的表现为能量消耗过度、睡眠减少、说话速度快。患者也可能产生妄想，比如认为自己很有名。

化学活性增强

症状

极度喜悦

突触

**抑郁期**
患者出现严重的抑郁，包括感觉绝望和疲劳。与躁狂期相比，抑郁期的患者更接近现实。

化学活性降低

症状

极度的悲伤

突触

# 情感吸引

人为何被某个人或某些人吸引，而不被另一些人吸引？人们根据什么做出选择？科学家的研究刚刚开始取得一些结论，认为上述现象主要取决于荷尔蒙（激素）。

## 化学键

荷尔蒙在增加人们的浪漫情怀方面起着重要的作用。此时大脑中多巴胺的含量增加，人们产生各种快感。肾上腺素被释放出来，导致人口腔干燥、手心出汗、瞳孔放大，同时对某人的渴望、表明对某人的渴望，同时使自身变得越来越有吸引力。有人认为，5-羟色胺水平的改变会引发强迫性的、淫荡的想法。

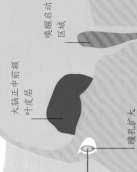

**文化会对吸引力造成影响吗？**

在单一文化中，人们的审美标准随着时间的推移而变化。在欧洲，人们曾经认为皮肤白皙的皮肤和丰满的身材是有着财富、是女性具有吸引力的象征。而现在的欧洲，人们则更崇尚纤细的身材以及晒成深色的皮肤。

**1 产生欲望**

在看到具有吸引力的对象的瞬间，大脑中一个被称为大脑正中前额叶皮层的区域被激活，开始迅速分析和谈对象约会的可能性。无论是男性还是女性，在被异性吸引的时候，体内都会释放睾酮，刺激其产生欲望。

大脑正中前额叶皮层

唤醒启动区域

瞳孔扩大

心率会随着人被吸引的程度上升而上升，因此人们对可能混淆迷恋与恐惧的感觉。对第一次约会感到害怕！

**2 两性吸引的因素**

两性吸引的因素包括面部和身材，因为这些信息会表明对方是否健康以及是否具有生育能力。其他因素还包括彼此有共同的兴趣爱好，这会决定与对方是否能长期融洽相处。另外，红色点燃男女双方的激情。

面部是否对称

身材

幽默感

服装的颜色

语调和语速

## 长时间的眼神交流增加了两个人之间的吸引力

**3** **长期的配偶关系**

在最初的吸引力阶段之后，双方关系发生变化，而另一组激素就开始变得重要起来。在性生活之后，人体释放催产素，增加对彼此的信任感和依赖感，有助于建立两性关系。血管加压素也同样重要。当两个人花大量的时间在一起时，会释放血管加压素，以促进"一夫一妻制"形成（忠诚）。

性

### 体味

汗水可以反映一个人是否健康，甚至免疫系统不同的人，那些味道往往不同的人。因此更具有吸引力，因为不同基因的结合会生出更健康的后代。一般来说，相比那些与自身体味完全相同或完全不同的男性，女性更喜欢与她们自身体味有相似的男性。

**排卵**

### 信号的变化

当女性排卵时，会有微妙的变化来表明其生育能力，包括音调变高，脸颊潮红，更频繁地调情以及穿得更漂亮等。

**月经周期**

### 微妙的信号

在许多动物中，当雌性具有生育能力的时候会出现显而易见的信号，例如身体上出现色彩斑斓的浮肿物或是尿液中释放出信息素。但是对人类来说，女性排卵并没有明显的外在表现，目前还不清楚人类为何会以这种方式进化。但不管怎样，女性确实有微妙的方式来"宣传"她们的生育能力，比如会调情，打扮得更漂亮等，而男性会下意识地接收到这些信号。

# 非凡的头脑

　　每个人的大脑都是独一无二的，但总有一些人能做出令人惊奇的事情，这些事大多数人只能想象一下而已。这些不可思议的能力，有可能来自于大脑中神经网络的细微变化，或者使用大脑的方式不同。

### 语言学习延迟

患有自闭症的儿童（但不是阿斯伯格综合征）需要更长的时间来学习语言，而有些人则永远无法学会语言。那些学会说话的自闭症儿童成年后在与正常人进行语言交流时，可能也会有一定的困难。

### 社交障碍

自闭症的早期征兆是减少与他人的眼神接触。自闭症患者往往不喜欢社交，因为他们发现社交规则太复杂，令其感到困惑和恐惧。然而，这并不是说患有自闭症的人永远不能形成牢固的社会关系。

### 重复行为

患有自闭症的人处理信息的方式与正常人不同，他们会觉得每天面临的情况都是难以搞定的。患者常见的表现包括自我安慰和习惯性重复行为，这有助于自闭症患者在焦虑时平静下来。

### 特殊的兴趣

自闭症患者通常会产生狭隘的、特殊的兴趣。这些兴趣也许是他们得到安慰和享受的来源。而其背后的原因可能在于，对他们来说，熟悉的事物的结构和顺序可以帮助他们在"混乱"的世界里获得一丝喘息的机会。

有时自闭症导致

## 自闭症谱系

　　自闭症谱系障碍（包括阿斯伯格综合征）可能是由大脑中不寻常的连接模式引起的。现在认为基因在引起家族性自闭症中起一定作用，但为什么家族成员中一些人症状较轻，而另一些人终其一生都需要治疗，目前尚不明确其原因。

### 难得的非凡优点

有时，自闭症患者在数学、音乐或艺术等领域表现出不可思议的能力。这可能是由于他们的大脑专注于细节处理。

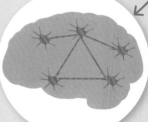

### 神经连接的增加

任何大脑在生长的时候，都会去除非必需的神经细胞连接。据认为，在自闭症患者中，这一过程受到抑制，从而导致过多的神经连接。

## 感觉短路

有些人在感官上存在交叉。有些人将字母或数字看成是彩色的，而有些人会在听到尖锐声音时"尝到"咖啡的味道。这种情况被称为通感，是由于其他小孩在童年大脑发育时期神经细胞之间的某些连接被去除，而具有通感的人在童年时期并没有相同的经历。这就导致了大脑感觉区域之间的额外联系。通感被认为是有遗传性的，因为它常在同一家族中出现。然而，由于有些同卵双胞胎有通感，而另一些双胞胎中一个有通感，另一个却没有通感，因此，遗传学并不能解释全部问题。

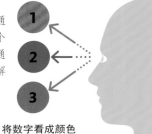

将数字看成颜色

## 幻觉

幻觉是非常常见的。例如，许多最近丧亲的人都报告称看到了他们的配偶，并且几乎每个人都看到了事实上并不存在的东西。这是人类大脑试图理解世界的一个正常的副产品。

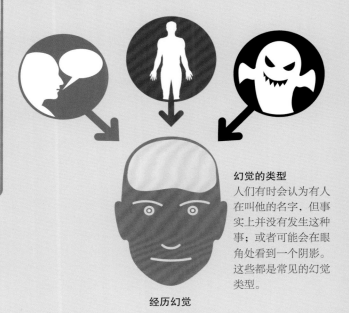

经历幻觉

**幻觉的类型**
人们有时会认为有人在叫他的名字，但事实上并没有发生这种事；或者可能会在眼角处看到一个阴影。这些都是常见的幻觉类型。

**到5岁时，那些拥有高级自传体记忆的人开始记住一切**

## 记忆冠军

有些人具有惊人的记忆力，但大多是使用技巧来实现的，比如把需要记住的物品放在熟悉的路线上。有一种人被称为高级自传式记忆的人，会自动记住一生中发生的每一件哪怕无关紧要的事情。当然，这些人只是极少数案例。他们的大脑中都有一个更大的颞叶和尾状核，这两个区域都与记忆有关。

新的神经连接

**记忆的通路**
如果需要记住一系列数字，那么其中一种方法就是把每个数字与在工作途中看到的一个地点或对象联系起来。例如，在汽车或建筑物的窗口安装一个"3"，有助于在记忆序列中保留（记住）该数字。

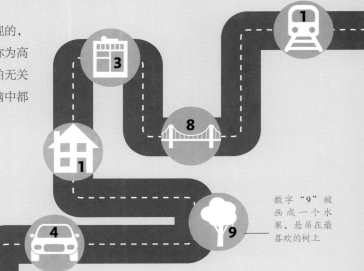

数字"9"被画成一个水果，悬吊在最喜欢的树上

# 索引